NUTZEN SIE DIESES BUCH WEISE!

Schenken Sie es drei Freunden,
die Ihnen am Herzen liegen.

Danksagung

Ich möchte meinen ganz herzlichen Dank folgenden Menschen aussprechen, die durch ihr Mitwirken dieses wunderbare Werk erst ermöglicht haben:

Meiner Ehefrau Marina für ihren Ansporn, dieses Buchprojekt zu realisieren sowie für ihre großartige Hilfestellung bei der Korrektur des vorliegenden Werkes. Herrn Wolfgang W. Seefeldt für die fabelhafte Text-Choreografie. Herrn Oliver Witting für seine hervorragende Arbeit an dem wirklich gelungenen Layout. Herrn Professor Dr. med. Jörg Spitz für die beflügelnden Gedankenaustausche. Herrn Gerhard Klassen für seine phantastische Internetrecherche. Herrn Phillip Stockfleth für das honorige Vorwort. Herrn Franz Friess für seine Beharrlichkeit und Unterstützung, das Buchprojekt „Chlorophyll" anzugehen. Mein Dank gilt darüber hinaus all den grünen Pflanzen, die uns immer wieder vor Augen halten, wie wunderbar die Natur doch ist. Auch danke ich sämtlichen Patienten und Vortragsteilnehmern, die durch ihre zahlreichen Rückmeldungen von ihren positiven Erfahrungen mit dem natürlichen Grün berichteten und mir aufzeigten, durch das vorliegende Buch eine ebenso einfache wie faszinierende Lücke zu schließen.

Hamburg, im Oktober 2011

Warnung

Das vorliegende Buch ist nur für den persönlichen Gebrauch gedacht. Vervielfältigungen und Digitalisierungen in jeglicher Form sind nur mit schriftlicher Genehmigung des Urhebers gestattet.

Eine ärztliche Untersuchung, Beratung und Behandlung ersetzt dieses Buch nicht. Es wird dringend davon abgeraten, Medikamente und Therapien in Eigenregie abzusetzen. Holen Sie Rat ein bei Ihrem Therapeuten, wenn Sie gedenken, Chlorophyll therapeutisch einzusetzen.

Viele Erläuterungen in diesem Buch sind hypothetischer Natur, für die es noch keine stichhaltigen Studien und Forschungsergebnisse gibt. Der Stand der Forschung kann die Inhalte dieses Buchs durchaus in ihrem Sachverhalt verändern. Das ist so beabsichtigt.

Das Buch soll Anreiz geben, sich mit der Thematik intensiver zu befassen und motivieren, Beweise oder Gegenbeweise für meine Theorien und Überlegungen zu finden.

Ich treffe in diesem Buch keine Heilaussagen!

Gesunden können Sie weder durch dieses Buch, noch durch mich! Gesund werden Sie nur durch Ihre eigenen Kräfte. Wie Sie diese Kräfte mobilisieren, mögen Sie zwischen den Zeilen herauslesen.

Seien Sie kritisch gegenüber Neuem. Holen Sie Rat durch Fachleute ein und informieren Sie sich ausgiebig in entsprechender Fachliteratur. Achten Sie beim Kauf von Produkten unbedingt auf die Reinheit der Inhaltsstoffe und die Seriosität des produzierenden Unternehmens.

Vor einer nicht von einem Therapeuten begleiteten Umsetzung der Ratschläge in diesem Buch wird eindringlich gewarnt.

Autor: Frank Jester

Vorwort

Endlich ist es soweit! Ein spannendes Thema ist nun in Form eines Buches niedergeschrieben und der Allgemeinheit in verständlichen Worten zugänglich gemacht worden. Bis dato ist noch kein derartig komprimiertes Sammelwerk erschienen.

Ich persönlich finde das Buch von Frank Jester absolut spannend, sowie äußerst informativ. Der Leser wird zu „Aha-Erlebnissen" eingeladen. Man wird angeregt und gleichzeitig auch ermutigt, sich mehr mit sich selbst und seiner eigenen Gesundheit auseinanderzusetzen und nachzudenken.

Als ich persönlich Frank Jester kennen lernte, wurde mir sehr schnell klar, dass dies kein „normaler" Arzt war. Man beachte bitte seine Vita und seinen Werdegang und es wird einem schnell klar, dass hier andere und außergewöhnliche Wege beschritten werden. Über das Chlorophyll wurde ich von Frank Jester aufgeklärt. Zuerst stand ich dem Ganzen eher skeptisch gegenüber, kannte ich Chlorophyll schließlich anfangs nur aus dem Schulunterricht. Heute jedoch ist für mich die tägliche Einnahme von Chlorophyll nicht mehr wegzudenken.

Ich nehme nun seit ein paar Jahren flüssiges Chlorophyll zu mir und bin absolut begeistert. Zusammengefasst hat Chlorophyll dermaßen viele Vorteile, dass es schwer ist, im Vorwort alle zu nennen. Als ehemaliger Spitzensportler möchte ich jedoch darauf hinweisen, dass gerade für Sportler das Chlorophyll enorm wichtig ist. Ich selbst habe die Erfahrung gemacht, dass Chlorophyll mehr Sauerstoff in den Körper transportiert. Man fühlt sich wesentlich vitaler, ebenso wird die geistige Fitness verstärkt. Da es zusätzlich blutreinigend, sowie blutbildend ist, entgiftet es den Körper und gleicht, - als wohl positivste Nebeneigenschaft -, den eignen pH-Wert aus und neutralisiert das Säure-Basen-Verhältnis.

Heute empfinde ich es als bedauerlich, dass mir nicht schon viel früher Chlorophyll zugänglich gemacht wurde. Jedoch brachte mir Frank Jester das Chlorophyll näher und - nachdem Sie dieses Buch gelesen haben - hoffentlich auch Ihnen!

Phillip Stockfleth

Phillip Stockfleth, mehrfacher Europameister sowie Weltmeister in den Sportarten Karate und Kenjutsu, aufgenommen in die Hall of Fames des Kampfsports in London und Lissabon

Norderstedt, im August 2011

Meiner Mutter gewidmet

Inhalt

Über den Autor

Vita

Geboren in Hamburg • 1988 Abitur • 1988-1991 Ausbildung zum Rettungssanitäter beim Malteser Hilfsdienst Hamburg • 1996-1998 Ausbildung zum Heilpraktiker; Staatl. geprüfter Heilpraktiker • 1998 Gaststudium an der medizinischen Akademie Carl Gustav Carus in Dresden • 1994-2001 Studium der Medizin an der Universität Hamburg; Staatsexamen Humanmedizin; Interessenschwerpunkte: Onkologie, Ophthalmologie (ganzheitliche Augenkunde) • 2000 Praktisches Jahr am Militärspital in Chishenov, Moldawien • 2001-2005 Studium der Zahnmedizin an der Universität Hamburg; Staatsexamen Zahnmedizin

Berufstätigkeit

Seit 1993 Dozent für Heilpraktiker an der Deutschen Paracelsus Schule in Hamburg, Bremen, Oldenburg, Bielfeld und Kiel; Schwerpunkt Entgiftung, Entschlackung und Ernährungsberatung, insbesondere Naturkost-Ernährung und Amalgam-Ausleitung • Seit 1998 Durchführung von Kursen zu lebensrettenden Sofortmaßnahmen und Erste Hilfe für Führerscheinanwärter und Piloten in Hamburg • 2005 eigene Arztpraxis und Zahnarztpraxis in Hamburg

Hobbys und Interessen

Gründung des Abenteuer Wanderclubs (AWACU e. V.) und Vermittlung von Survival-Kursen für Manager • Gründung von Bremen-Survival • Fahrradtouren von Hamburg nach Marokko, Norwegen (Nordkap), Russland, New Delhi (Indien). Zuletzt: Nur mit rohem Obst und Gemüse als Nahrung 5.500 Kilometer komplett um die Ostsee herum • Kanutouren • Tauchen • Buddelschiffbauen • Flüge als Pilot in Kleinflugzeugen • Mehr als 80 zum Patent anstehende Erfindungen • Sprachen; gute Kenntnisse in Englisch, Französisch und Spanisch, Verständigung in Russisch und Polnisch

Mehr Lebensqualität mit Grünkraft:

Warum der König der Tiere mit Begeisterung „Pflanzenpüree" verspeist

Was haben Elefanten und Affen, Löwen und Kühe, sogar die beiden „Kontrahenten" Katze und Hund gemeinsam? Glauben Sie es oder nicht – alle verputzen „Grünzeug". Sie tun das sogar mit Begeisterung. Oder sollte man besser sagen instinktiv? Bei ihnen funktioniert nämlich noch die angeborene Schlauheit, die dem Menschen immer mehr abhanden kommt. Insbesondere was das Essen betrifft. Wer eine ausgewogene Ernährung missachtet, im Tierreich oder anderswo, hat schlechte Karten im Spiel von Mutter Natur. Denn die setzt auf ihren grünen Joker – für den sich die Wissenschaft den Namen „Chlorophyll" ausgedacht hat. Wer Blattgrün sagt, hat den Kern ebenfalls getroffen.

Zurück zu den Großkatzen. Zoologen wissen es längst und Tierfilmer beweisen immer wieder, wie sie nach vollbrachter Jagd zu speisen pflegen. Keule, Lenden und Rippchen stehen, für viele Menschen sicher erstaunlich, hinten an. Erst geht es der Beute an die Eingeweide. Dort nämlich, in den Schlingen des

Verdauungsapparates, steckt des Tierkönigs liebste Leckerei: Pflanzenreste. Es mag eklig klingen, aber für dieses Püree aus grüner Nahrung, halb verdaut und körperwarm, läuft das Raubtier nebst Clan meilenweit. Ähnlich wie alle anderen Raubtiere, auch wenn der Mensch sie unisono als Fleischfresser einsortiert.

Von der Wildnis ins traute Heim: Wer einen Hund hat und ihn artgerecht behandelt, gönnt ihm hin und wieder ein Stück Pansen aus der Fleischerei. Für diesen Rindermagen lässt der beste Freund des Menschen alles stehen und liegen. Es hat den Anschein, als sei er geradezu süchtig danach. Dabei geht es ihm keinesfalls in erster Linie um das Fleisch. Es ist die spinatähnliche Substanz, die sich in den Katakomben des Magenkunstwerks von Herrn oder Frau Rind verbirgt – so lange unser Rex oder Waldi den Pansen „grün" verkonsumiert. Gekochter weißer Pansen hingegen ist um den gesunden Grünanteil bereinigt. Okay, das riecht ziemlich „strange". Aber wenn Muttern zuhause Grünkohl kocht, ist das kaum anders. Was den Grünkohlfan wenig schreckt – weil's ihm schmeckt!

Zoomen wir unsere Aufmerksamkeit zu einem anderen Ex-Raubtier, das zum Freund und Seelentröster des Menschen geworden ist. Wenn das mal ins Gras beißt, braucht sich niemand Sorgen zu machen. Jedenfalls wenn's ums Futter geht. Der schmusige Stubentiger hat sich den Sinn für die grünen Gaben aus dem Garten der Natur bewahrt.
Katzengras – als Tierbedarf angeboten – hat gegenüber den müde machenden Magenfüllern aus bunten Dosen einen Vorteil: Diese „Nahrungsergänzung" befeuert der Samtpfoten Lebenskraft. Am artgerechtesten wäre die Rohverfütterung ganzer Tiere, einschließlich des vorverdauten Mageninhaltes. Denn darin

(und hier schließt sich wieder der grüne Kreis) befinden sich unter anderem Gras, Gemüse, Knollen und Wurzeln.

Energiefrage – warum kommen Baumkronen-Athleten ohne Fleisch und mit wenig Schlaf aus?

Begeben wir uns erneut in die Savanne zu King Lion. Der große Bruder der Hauskatze frisst, nachdem er sich an den grünen Innereien gelabt hat, bekanntlich jede Menge Fleisch (die Frau des heutigen Homo sapiens reicht zum Grünkohl die Kochwurst). Und der arme Affe? Der sitzt auf seinem Baum und macht auf vegetarisch. Schaden tut es ihm wohl weniger. Im Gegenteil – während Fleisch-Junkie Löwe im Sattzustand weit mehr als den halben Tag lang schläft, schlapp herumdöst, oder in Slow Motion von einem Schatten in den nächsten schlendert, ist der Affe oft im Aktions-Modus. Wer einmal beobachtet hat, wie die vitalen Vegetarier ihr tägliches Body-Building abspulen, teils im Hochgeschwindigkeitstempo, der weiß was gemeint ist. Viel Schlaf brauchen die Athleten der Baumkronen nicht, selbst einem Gorilla genügen etwa sechs Stunden pro Nacht. Mangelerscheinungen wegen fleischlosem Leben? Das sähe komplett anders aus.

Apropos Athleten: Fleischlose Ernährung – sind unter diesen Voraussetzungen überhaupt Höchstleistungen möglich? Schließlich ist Fleisch ein Stück Lebenskraft, heißt es allenthalben und ohne käme es zu Mangelerscheinungen. Die Realität sieht etwas anders aus. Stellvertretend für viel andere hier eine Reihe von Spitzenathleten, deren Topleistungen das beweist: Die Sprintwunder Carl Lewis und Edwin Moses, Tennisqueen Martina Navratilova, Bodybuilder-Legende Bill Pearl, Radrennfahrer Sean Yates, Karateweltmeister Abele Ridgely, Triathlet Roy Hinnen oder auch Langstreckenläufer Nurmo Paavo (22 Weltrekorde und 9 olympische Medaillen)!

Ein brandaktuelles Beispiel aus deutschen Landen: Der 41-jährige Extremsportler Michael Griesmeier machte als Weltrekordler von sich reden: Der Vegetarier lief in einem Berliner Hochhaus genau 20.002 Stufen hoch und runter – sechs Stunden lang und mit einem 30-Kilo-Rucksack auf dem Rücken!

In aller Bescheidenheit darf ich auf einen Selbstversuch hinweisen: Per Drahtesel über 5.500 Kilometer um die Ostsee durch sämtliche Anrainer-Staaten, im Gepäck neben meinem Schlafsack hauptsächlich viel Obst und Gemüse. Das Erstaunliche dabei: Anfangs lag mein täglicher Bedarf an Rohkost noch bei stolzen fünf Kilo und drei Litern Wasser pro Tag (hinzu kam ein wenig Ostseewasser, um den Salzverlust auszugleichen). Am Ende der Fünfeinhalbwochen-Tour brauchte ich nur noch zwei Handvoll Obst und einen halben Liter Wasser, um täglich (bei sommerlicher Hitze) 100 bis 140 Kilometer zurückzulegen. Auch unzählige Blätter genoss ich im Vorbeirauschen. Erstaunlich, wie sich hier der Organismus anzupassen vermag. Mangelerscheinungen blieben übrigens aus, wie das Universitätsklinikum Hamburg-Eppendorf und Bluttests bestätigten.

Auch der berühmte Gletschermann „Ötzi“ lebte offensichtlich recht fleischlos. Zumindest während längerer Perioden des Jahres ernährte er sich wie ein moderner Veganer - also wie jemand, der auch auf Eier und Milchprodukte verzichtet. Zwar trug „Ötzi“ getrocknetes Hirschfleisch als Proviant mit sich, das aber wohl mehr notgedrungen: Der Unfall-Mann aus dem Eis war vermutlich saisonaler Fleischesser. Im Sommerhalbjahr hielt er sich an die reichlich vorhandene pflanzliche Kost. Im Winter - oder eben auf einem Gang ins Gebirge - nahm er auch mal mit Fleisch vorlieb, so berichtet die Zeitschrift Schrot & Korn.

Auch geistige Höchstleistungen können die Anhänger der grünen Nahrung sehr wohl vollbringen. Handfeste Beweise dafür ziehen sich durch die gesamte Menschheitsgeschichte. Wiederum exemplarisch genannt: Die großen Denker Pythagoras, Epikur, Diogenes, Seneca, Sokrates oder auch Voltaire. Oder die Religionsgrößen Jesus, Petrus, Johannes, Paulus, Matthäus, Buddha, und Gandhi. Ferner Künstler, Wissenschaftler und Erfinder, etwa Leonardo da Vinci, Isaac Newton, Alexander von Humboldt, ebenso Wilhelm Busch, Menuhin und Einstein.

Fleischlos lässt es sich auch in der Gegenwart leben. Neben vielen anderen beweisen das der Dalai Lama, Richard Gere, Paul McCartney, Prince, Boy George, Take That, Sting – und eben die genannten Spitzenathleten. Sie alle leben bestens von der Kraft aus dem grünen Blatt, und kaum einer von ihnen war jemals ernsthaft krank.

Zurück zu den Tieren, diesmal hinein ins Wasser. Dort entwickelte sich der Urahn aller späteren grünen Pflanzen zu Wasser und zu Land, die Grünalge. Die Fische, erst reichlich später dem Setzkasten der Natur entschwommen, profitierten prächtig vom Tischlein-deck-dich der Ozeane.

Als die Algen auch den Lebensraum Festland für sich entdeckt hatten, wurden ihre Nachkommen evolutionsbedingt sesshaft, schlugen irgendwann Wurzeln. Gräser, Sträucher, Bäume, Kräuter und Gemüsepflanzen entwickelten sich – worauf wir noch ausführlich zu sprechen kommen. Spätere Generationen trugen Früchte, machten die Erde zu einem Garten Eden. Das Erfolgsmodell Grünpflanze war mächtig Mode geworden in der Natur – bis dann die Sache mit dem Apfel (und sehr viel später die industrielle Landwirtschaft) das Paradies in seinen Grundfesten erschütterte.

Manna, Mayas, Algenkuchen und Nobelpreise:

Ernährungsgeschichte mit grüner Tinte notiert

Und der Mensch? Fische sind gesund – so sie nicht gerade aus kontaminierten Gewässern stammen. Der Grund ist in erster Linie der fidelen Flossentiere Speiseplan, gespickt mit schwebendem Grün, dem Phytoplankton, der Gesamtheit aller schwebenden Algen. Und weil das alles so voller wertvoller Inhaltstoffe steckt, ernähren sich die Menschen schon seit etwa 10.000 Jahren von Fisch – Funde von Angelhaken aus der Zeit um etwa 8000 v. Christi belegen das. Vor der Erfindung des Fische fangenden Werkzeugs waren Algen so etwas wie das tägliche Brot des Küstenbewohners. Und im Binnenland? Möglicherweise kultivierten bereits die Maya während ihrer Blütezeit (etwa zwischen 300 und 900 n. Chr.) Mikroalgen, sogar in eigens angelegten Kanalsystemen. Auf jeden Fall, das ist durch spanische Eroberer überliefert, verstanden sich die Azteken darauf. Sie verzehrten ihr „Greenfood“ zusammen mit Mais.

Ähnliches in Afrika, wo in verschiedenen Gebieten, logischerweise stets rund um Binnenseen, so genannte „Algenkuchen“ als nahrhafte Speise und Naturheilmittel verzehrt wurden und noch heute werden. Zum Beispiel Dihé, ein Gemisch aus Spirulina-Algen, Hirse, Kräutern und Gewürzen. Und dass Japaner, Koreaner, Chinesen und andere Nationen aus dem südostasiatischen Raum auf das urgesunde Nahrungsmittel Algen schwören, hat sich längst herumgesprochen. Auch in modernen Sushi-Restaurants, aktuell höchst „in“, begegnen uns, auf schick designten Tellern, verschiedene Algensorten. Die Köche wickeln damit ihre leckeren Japan-Häppchen ein, auch Salate, Gemüse und Suppen peppen sie damit auf. In Südostasien gehören sie traditionell zur täglichen Nahrung. Stolze neun Millionen Tonnen werden dort im Jahr verzehrt. Vielleicht mit ein Grund für die bekanntlich hohe Lebenserwartung der Japaner.

Das grüne Blut der Blätter und der rote Blutfarbstoff des Menschen sind „biochemische Zwillinge“

Allerdings widerspricht es scheinbar den herkömmlichen Tischsitten, wenn man das Meeres-Chlorophyll direkt aus der Natur zu sich nimmt. So wurde ich prompt scheel aus den Augenwinkel beobachtet, als ich während eines Badeurlaubs in Kroatien genussvoll in das grüne Schwimmkraut langte und es mir schmecken ließ.

Übrigens hat die Alge angeblich schon in biblischen Zeiten Gutes getan. Jedenfalls gibt es Spekulationen, beim „Him-

melsbrot Manna", das den Israeliten auf ihrer 40-jährigen Wanderschaft durch die Wüste als Nahrung diente, habe es sich um an Felsen angetrocknete Algen gehandelt.

Hatten die Menschen in der Vergangenheit eher intuitiv zum grünen Superfood gegriffen, kam im 20. Jahrhundert die moderne Wissenschaft ins Spiel. Die Frage, warum das Gras grün ist, hat der deutsche Chemiker Richard Willstätter beantwortet. Für seine Forschungsergebnisse erhielt er 1915 den Nobelpreis für Chemie. Seine Großtat in drei Sätze gegossen: Willstädter hatte den grünen Farbstoff der Pflanzen namens Chlorophyll (Chloros = grün, Phyllo = Blatt), intensiv unter die Lupe genommen. Ergebnis: Mithilfe des darin gespeicherten Sonnenlichts kann Chlorophyll aus toter Materie lebende Substanz herstellen.

Anders ausgedrückt: Die Natur zaubert aus Licht, Wasser und Luft mithilfe von Sonnenenergie die Bausteine des biologischen Setzkastens hervor – etwa Kohlenhydrate, Nährstoffe und weitere wichtige Substanzen für ein dynamisches Stoffwechselgeschehen.

All das spielt sich in den Chloroplasten ab, das sind spezialisierte Organellen, meist mehrere in einer Zelle. Diese „Mini-Organe“ nutzen das Sonnenlicht für den genialsten Zaubertrick der Natur: Sie stellen aus Kohlendioxid und Wasser neue Materie her – in Form von Zucker, der als Stärke gespeichert wird. Anders ausgedrückt, sie erzeugen und speichern lebenswichtige Nahrung. Sensationell und einmalig dieses Kunststück! Weder Chemikern oder Technikern noch anderen Tüftlern auf dieser Welt ist es bisher gelungen, dieses „grüne Wunder“, auf welchem Wege auch immer, künstlich nachzuahmen.

Die Wissenschaft blieb dem Geheimnis der Blätter auf den Fersen, besonders der Chemiker Hans Fischer, der Willstätters Forschungen in den 1930er Jahren wieder aufnahm. Dabei deckte er ein erstaunliches Verwandtschaftsverhältnis auf: Der chemische Bauplan grünen Chlorophylls ist fast identisch mit dem menschlichen Blutfarbstoff, Hämoglobin genannt. (Vereinfacht ausgedrückt sind das die roten Eiweißkügelchen in unserem Adernsystem, welche den Sauerstoff in der Lunge aufnehmen und ihn im Körper verteilen). Auch für diese Entdeckung gab es einen Nobelpreis, das war im Jahr 1930. Hans Fischer verdanken wir also die Erkenntnis, dass Chlorophyll und Hämoglobin so etwas wie Zwillinge sind. Allerdings keine eineiigen. Beide unterscheiden sich trotz ihres komplexen Aufbaus aber nur in einem einzigen Atom, das jeweils im Zentrum sitzt: Im Blutfarbstoff ist es das Eisen, das die Atmung der Tiere und Menschen ermöglicht. Im Chlorophyll der Pflanzen ist es das Magnesium. Das ermöglicht den Pflanzen das Kunststück, die ausgeatmete Luft von Tier und Mensch wiederum zu lebensnotwendigem Sauerstoff zu veredeln.

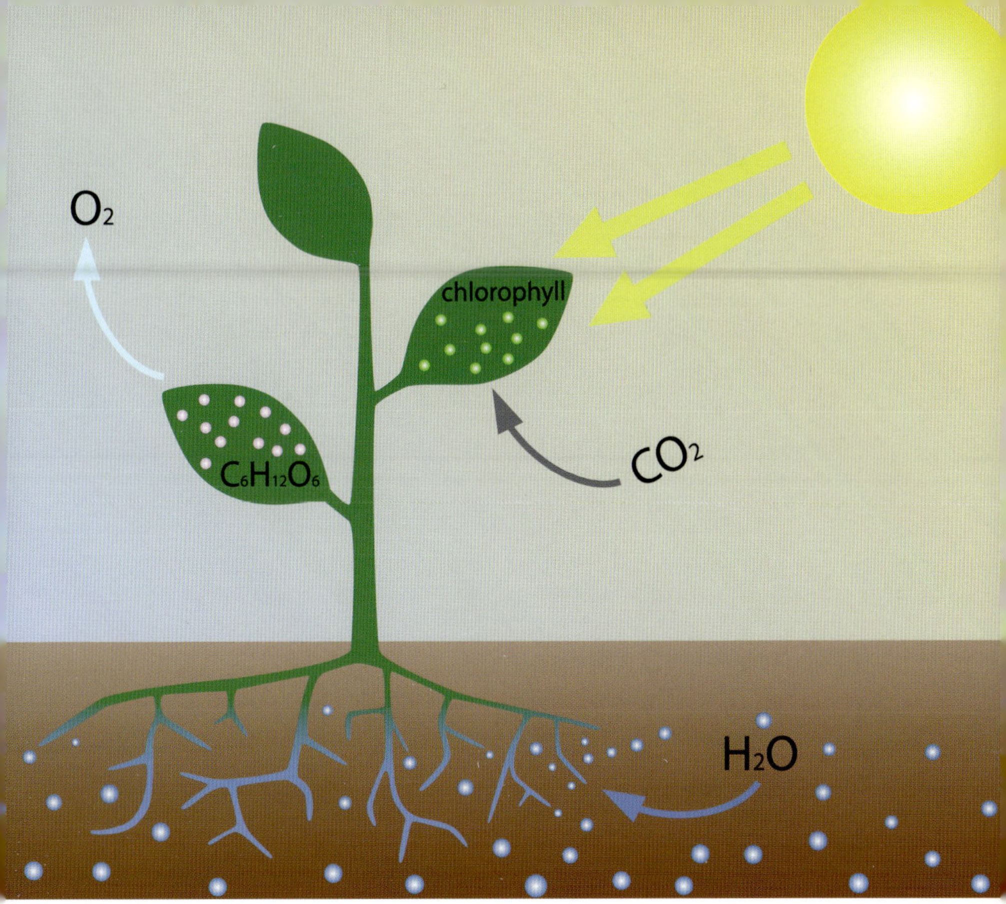

Wer so etwas fertig bringt, hat bestimmt noch andere Feinheiten in petto. Nehmen wir den Tausendsassa Blattgrün, der unter dem Künstlernamen Chlorophyll auftritt, einmal näher unter die Lupe, stellen wir fest: In seinen Trägerelementen, den Chloroplasten, ist Chlorophyll auf Membranen angeordnet. Bedingt durch ihren Magnesiumgehalt können diese Trägerelemente Lichtenergie aufnehmen und speichern. Anders ausgedrückt: In den Chlorophyll-Teilchen befinden sich klitzekleine Lichtsammelzentren, die Sonnen- und Lichtenergie aufsaugen und sie so umwandeln, dass der menschliche Organismus sie aufnehmen und verwerten kann. Wenn Sie also „Grünzeug" essen –

schwups – schon haben Sie sich, mithilfe von Kauen und Speichel, flüssiges Sonnenlicht einverleibt.

Tolle Sache, was die Natur so im Ärmel hat, werden einige denken. Aber was habe ich davon? Fragen wir einmal Gesundheitspfarrer Sebastian Kneipp, etwa zum Thema Körperentgiftung. Der wusste bekanntlich eine Menge über Wasserkuren, aber auch mit Heilkräutern kannte er sich bestens aus. Über die Brennnessel, für manche nur Unkraut, für Kneipp ein Kardinalreiniger, sagte er: „Brennesseln räumen mit faulen Säften im Inneren gründlich auf".

Recht hatte er, inzwischen wissen wir, dass die wehrhaften Wiesen- und Waldbewohner ausleitende und mobilisierende Substanzen in großer Fülle an Bord haben. Etwa erhebliche Mengen an Chlorophyll, das als eines der besten „Desinfektionsmittel" für den inneren Hausputz gilt.

Brennnesselkenner wissen es: Am besten wirkt das zarte junge Blatt (das brennt nicht mal, weder beim Pflücken noch beim Essen). Wohl weniger bekannt – 100 Gramm, frisch vom Stängel gepflückt, enthalten etwa 200 Milligramm Vitamin C. Etwa viermal mehr

als in Zitronen steckt! Aber selbst das getrocknete Blatt hat es noch in sich. Daraus lässt sich ein hochwirksamer Entschlackungstee bereiten. Lassen wir hierüber Pfarrer Kneipp das Abschlusswort: „Gegen das, was man im Überfluss hat, wird man gleichgültig. Daher kommt es, dass viele hundert Pflanzen und Kräuter für wertlose Unkräuter gehalten werden, anstatt dass man sie beachtet, bewundert und gebraucht“.

Chlorophyll gilt als eines der besten Desinfektionsmittel für den „inneren Hausputz“

Ein anderer, zwischenzeitlich halb vergessener Pflanzen-Oldtimer ist der Koriander. Noch vor Jahrzehnten gab es das Gewürzkraut hierzulande frisch auf vielen Wochenmärkten. Zwischendurch geriet es etwas in Vergessenheit. Erst in letzter Zeit ist die „chinesische Petersilie“ wieder fast überall zu haben, vor allem in Läden von Vietnamesen, Thailändern oder eben Chinesen. In Thailand gehört Koriander zu den „phantastischen Sieben“ der einheimischen Küche. Überall im Fernen Osten ist Koriander traditionell auch als Heilpflanze bekannt. Kleiner Reisetipp für Brillenträger: Wer in Thailand statt im Touristenhotel mal in einer landesüblichen Garküche Thai-Salat bestellt (dort ist unter anderem Koriander drin) setzt die Sehhilfe vorher besser ab. Es könnte nämlich passieren, dass ihm die Scheiben von innen beschlagen, wie es ein guter Bekannter am River Kwai einmal erlebte. Der positive Aspekt: Es gibt in diesen Breitengraden kaum einen besseren Infektionsschutz. „Einen original Thaisalat überlebt keine

Bakterie", pflegt eben jener Bekannte zu sagen, der häufig per Rucksack im Land der lächelnden Menschen unterwegs war. Krank geworden ist er dort nie.

Korianderkraut, so sagen Forscher, ist auch in der Lage, Quecksilber aus Gehirn und Nervenzellen auszuleiten (zumeist aus alten Amalgam-Füllungen freigesetzt und über die Mund- oder Darmschleimhaut aufgenommen). Er öffnet also nicht nur die Schleusen der Tränendrüsen, sondern erledigt auch die Entsorgung von Umweltschadstoffen, die ansonsten die Gehirnzellen schädigen könnten. Dazu zählen Aluminium, Formaldehyd sowie andere Rückstände, etwa aus Holzschutzmitteln. Ähnliches beanspruchen verschiedene grüne Nahrungsergänzungen für sich. Auf die kommen wir noch zu sprechen ...

Hierzulande geradezu legendär ist der Chlorophyll-Lieferant Spinat. Man denke nur an die Comic-Kultfigur Popeye. Zur Erinnerung für Spätgeborene: Kaum hat der knorrige Seemann eine Dose Spinat vertilgt, nehmen seine Unterarmmuckis geradezu baumstammähnliche Ausmaße an. Das Grünzeug aus der Dose macht ihn, das unscheinbare Männchen mit Pfeife und Matrosenmütze, sekundenschnell zum Muskelprotz. Für viele allerdings spült das Thema Spinat vor allem unrühmliche Kindheitserinnerungen gegen das ungeliebte Grün auf dem Teller in die Erinnerung. Diese Anti- Einstellung hat sich bis heute kaum gelegt, Spinat ist bei Kindern weiterhin so begehrt wie etwa Hausaufgaben machen. Aber unser Herz, das liebt dieses Gemüse.

Darüber hinaus schützt Chlorophyll die Zellwände davor – dies mit Verlaub formuliert – ranzig zu werden. So beugen wir auch der Arteriosklerose vor, der „geriatrischen Verkalkung" unserer Adern. Spinat-Skeptiker können aber auf Alternativen ausweichen, beispielsweise auf die vier grünen B's, nämlich Brokkoli, Basilikum, Bärlauch und Brennnessel - sie sind ebenso gute Chlorophyll-Quellen. Denselben Zweck erfüllen Mangold, Petersilie und Feldsalat. Oder auch, als vorerst letztes Beispiel, Löwenzahn, Rucola oder Schnittlauch. Nicht zu vergessen unser Grünkohl, bei dem ist schon der Name Omen. Überhaupt gibt es eine Faustregel: Je dunkler das Grün, desto mehr „blutfreundliches" Chlorophyll steckt in ihm.

Für viele eine Glaubensfrage – wie artgerecht ernährt sich der Mensch?

Nun haben aber wohl die wenigsten von uns ausreichend Brennnesseln im Garten oder wollen sich ganze Koriander-Kolonien, ersatzweise Basilikum-Batterien, auf der Fensterbank anlegen. Und an Birkenblätter (wie ich sie während meiner Ostsee-Tour gerne aß) kommt man im Normalfall eher selten. Außerdem: Bei der Arbeit, im Urlaub oder anderswo stets einen Rucksack voll mit Chlorophyllträgern mit sich zu führen - wer will das schon, selbst wenn er es könnte? Also ersann der Mensch Nahrungsergänzungen, die sind allüberall und jederzeit in flüssiger Variante, als Presslinge oder als Tabletten- beziehungsweise Kapselform einsatzbereit. Doch bevor wir dieses Thema eingehender beleuchten, wagen wir einen lockeren Ausflug in weltanschauliche Aspekte rund um das Thema Fleisch. Wobei es erfahrungsgemäß immer wieder zu rauchenden Colts kommt.

„Ohne Sonne kein Leben", heißt es. Folglich wäre ohne

Sonne die Erde auch ohne Pflanzen. Wer würde dem widersprechen wollen? Und weil Tiere sich von Pflanzen ernähren, wäre die Erde auch ohne Tiere, das ist beweisbar. Aber jetzt wird es spannend: Brauchen wir Menschen denn überhaupt tierische Nahrung? Hierüber entzünden sich ab und an regelrechte Streitgespräche. Aber das Thema lässt sich auch ganz unaufgeregt servieren. Prolog: Wie artgerecht ernährt sich eigentlich der Mensch? Nähern wir uns dem Pro und Contra mit einem kleinen Test:

Beobachten Sie bei sich, dass Sie

a) spitze Reißzähne besitzen
b) schnell und geschickt im Erlegen von Beute sind
c) die Beute zügig herunter schlingen
d) nach einer ausgiebigen Mahlzeit unter Umständen tagelang schlafen
e) einige Tage bis zur nächsten Mahlzeit hungern können
f) schmierigen, stinkenden Stuhlgang haben
g) abgehende Winde unterdrücken müssen
h) bereits beim Geruch von totem Fleisch wild werden
i) ein Stück rohes Fleisch für den größten Leckerbissen halten
j) mitunter Appetit auf fauliges Aas verspüren
k) Tiere mit bloßen Händen erlegen oder
l) einer Gans mit Ihren Eckzähnen die Kehle durchbeißen könnten

Kein Zweifel, wer sich hier klar wiedererkennt, ist ein waschechter Fleischfresser!

Probieren Sie mal den Gegentest und prüfen Sie, ob Sie

a) an Ihrer „Vorderfront" eng stehende Zähne und dahinter flache Mahlzähne besitzen
b) Geruch rohen Fleisches als widerlich empfinden
c) Fleisch vor dem Genuss zumeist braten oder kochen müssen
d) Fleisch mit Gewürzen, Senf oder Ketchup aufpeppen, bevor es Ihnen schmeckt
e) nach einer Fleischmahlzeit müde werden
f) Aas aufs Heftigste meiden
g) das Herunterschlingen von unzerkauter Nahrung als geradezu kannibalisch empfinden
h) hoffnungslos hinter einem Huhn herlaufen, ohne es fangen zu können

Wetten, dass Sie sich hier viel eher wiedererkennen?

Nach diesen kurzen Denkanstößen lassen Sie mich eines deutlich herausstellen: Ich will niemanden zum Fleischverzicht bekehren, dafür schmeckt es einfach zu gut! Hier geht es schlicht und allein darum, ob der Mensch sozusagen mit Messer und Gabel in der Hand die Weltbühne betrat.

Lassen Sie uns noch ein wenig tiefer eintauchen in die Ernährungsgeschichte des Homo sapiens. Zu Urzeiten war der Mensch als Jäger und Sammler unterwegs, wird mitunter behauptet. Moment mal – Sammler und Jäger müsste es abfolgerichtig heißen. Schließlich braucht ein Jäger unbedingt Waffen. Was aber soll der Mensch – frisch von den Bäumen gestiegen – denn gejagt haben, außer vielleicht ein paar Würmer, Käfer oder Schnecken? Bevor er Werkzeuge oder gar Waffen kannte, musste er etwa 200.000 Jahre im wahrsten Wortsinn von der Hand in den Mund leben. Früchte, Beeren, Kräuter, Wurzeln, Blätter, Algen und dergleichen sammeln, das ja. Aber ein Wildschwein, ein Mammut gar, erlegen und zerteilen – mit bloßen Händen? Gar mit dem vergleichsweise filigranen Gebiss?

Bevor der Mensch das Feuer zähmte, sah es düster aus mit Wildschwein oder knusprigen Täubchen vom Grill

Abgesehen davon – wie sollte er das Objekt seiner fleischlichen Begierde überhaupt zerkaut bekommen? Vorher braten vielleicht? Wohl kaum – bevor der Mensch das Feuer behüten lernte, waren ihm Leckereien wie Wildschweinbraten oder knuspriges Täubchen vom Grill schlichtweg unbekannt. Weil der Blitz höchstens alle Jubeljahre mal vor der heimischen Höhle einen Baum abfackelte. Und wenn, war Wildschwein wahrscheinlich ausgerechnet dann Mangelware. Also hieß es fleißig sammeln, sammeln, sammeln. Und drauf warten, bis jemand Messer, Äxte und Tranchiermesser erfindet.

Doch was war mit denjenigen Zweibeinern, welche die Wiege der Menschheit verließen? Heute wissen wir, dass diese in Afrika stand, wo es Früchte und Kräuter in Hülle und Fülle gegeben haben dürfte. Doch irgendwann begannen die Menschen in alle Himmelsrichtungen zu wandern, bevölkerten nach und nach fast alle Gebiete der Erde. Mancherorts gab es weder Gras noch Bäume noch Gärten. In den arktischen Gebieten etwa. Dennoch konnten die

Menschen dort leben. Sie ernährten sich von Robben und Fisch, also fast komplett ohne grüne Nahrung. Wirklich? Beim näheren Hinsehen stoßen wir wieder auf das Phänomen der indirekten Chlorophyll-Versorgung. Denn wovon leben Robben - von Fischen natürlich. Die wiederum ernähren sich aus dem, was der Unterwassergarten des Erdballs in üppiger Fülle bereithält, etwa hochklassige Chlorophyll-Lieferanten wie beispielsweise Algen.

Und dennoch gab es Regionen, in denen weder Fische noch ausreichend Pflanzen zu finden waren. Also wich man dort auf Fleisch aus. Sicherlich kaum von heute auf morgen, und viele werden diesem „Kraftstoffwechsel" zum Opfer gefallen sein. Eine Frage des Blutes. Wenn nämlich Menschen mit bestimmten Blutgruppen der neuen Nahrungsquelle resistenter gegenüber standen, setzten sich dessen Nachkommen, über Jahrhunderte gesehen, in den betreffenden Regionen der Erde durch. Die inadäquaten Blutgruppenträger wurden wahrscheinlich von der Evolution ausgemustert. So sind Träger der Blutgruppe 0 vermutlich durch Steppen gewandert und haben sich überwiegend fleischreich ernährt. Was ihren heutigen Nachfahren besser zu bekommen scheint als beispielsweise Kohl, Sprossen oder Spinat.

Die Lehre daraus: Bedenken wir, das solche Wanderungen vor 20.000 bis 50.000 Jahren stattfanden. Ausreichend Zeit für unseren Organismus, sich an die veränderten Bedingungen anzupassen. Hingegen kommt unsere „Zivilisationskost" erst seit 50 bis 60 Jahren auf den Tisch. Viel zu wenig Zeit für die menschliche Evolution, den Menschen an Aromastoffe, Konservierungsmittel, E-Stoffe und dergleichen zu gewöhnen. Was lernen wir daraus? Wir brauchen nur noch 19.950 Jahre abzuwarten, dann werden auch Hardcore-Fleischverzehrer über ihre Verdauungsprobleme hinweg gekommen sein.

Vom Sammler bis zum Currywurst-Liebhaber – die Umstellung dauerte 20.000 Jahre

Von Herz und Nieren bis zum Zahnfleisch:

Die biologische Blattgrün-Heinzelmännchen sind Alleskönner

Apropos schlechte Verdauung! Gegenwärtig leiden etwa acht Millionen Deutsche an, milde ausgedrückt, „Darmträgheit". Tendenz steigend. Womit wir wieder beim Thema chlorophyllreiche Nahrung wären. Die macht nämlich – regelmäßig und in ausreichenden Mengen verzehrt – dem faulen Gedärm Beine. Führen Sie bei Stuhlunregelmäßigkeiten einfach mal den Grünkohltest durch. Sie werden selbst merken, wie gut sich die „Friesische Palme" als Schornsteinfeger für den Darm eignet.

Die Abführfaulheit des menschlichen Darms trifft mit Vorliebe Zeitgenossen, die einfach ignorieren, was die Natur ihnen installiert hat. Ein schlingenartig im Bauchraum angeordnetes Darmsystem nämlich, dessen Länge von etwa acht Meter eines signalisiert: Es ist geeicht auf die Verdauung von pflanzlichen Nahrungsmitteln. Bei Raubtieren nimmt die Ausfuhr-Pipeline einen direkteren und damit kürzeren Weg. Dazu bedarf es allerdings einer Darmstruktur nach Waschbrettart.

Wer reichlich grüne Nahrung zu sich nimmt, lebt auch diesbezüglich leichter. Denn Chlorophyll hat einen reinigenden Effekt auf das Verdauungssystem. Ballaststoffe für den technischen Durchputzeffekt gibt's gratis obenauf. Das alles zusammen fördert die Darmperistaltik. Will heißen, der Darm kommt in Bewegung, wird geradezu massiert und leitet den Inhalt dem Ziel-Örtchen zu – verzögerungsminimiert. Verstopfung ade! Das verhindert die Anlagerung von Faulstoffen, Schlacken und Kotsteinen und spart so manche peinliche Darmspülung beim Onkel Doktor.

Und da wir gerade beim inneren Hausputz sind, gönnen wir uns gleich noch eine Spülung für die Nieren. Dazu nehmen wir Birkenblätter, denn denen wird seit alters her eine harntreibende Wirkung zugeschrieben. Sie eignen sich auch für eine Durchspülungstherapie. Ähnliche Wirkung ist zu berichten von Blättern der Schwarzen Johannisbeere. Frisch aufgegossen gelten sie als bewährtes Naturheilmittel. Sie wirken vor allem Wasser treibend und werden bei Rheuma und Gicht empfohlen.

Auch bei Parodontose, der unsichtbaren Gefahr im Munde, haben sich Spülungen bewährt, gerade dort mit Chlorophyll. Parodontose, das ist die Krankheit der so genannten zivilisierten Völker, bei der sich, weitgehend ernährungsbedingt, das Parodontium (der Zahnhalteapparat) zwischen Zahn und umliegenden Strukturen auflöst. „Aber ich putze doch regelmäßig, die Ursache ist bestimmt genetisch", höre ich in meiner Zahnarztpraxis immer wieder. Putzen ist zweifellos gut, doch es beseitigt keineswegs den eigentlichen Grund des Übels.

Gestatten Sie mir ein Beispiel, wie sich der Parodontose wahrer Kern beseitigen lässt: Die Schwester eines sehr guten Freundes, der seit acht Jahren Rohköstler ist, litt mit ihren 35 jungen Jahren unter heftiger Parodontose. Taschentiefen bis 12 Millimeter (bis 3 Millimeter gilt als normal!). Für eine konventionelle Sanierung war es zu spät, deshalb empfahl der behandelnde Zahnarzt eine übliche „offene Kürettage". Dabei wird das Zahnfleisch aufgeschnitten und hochgeklappt, um unter Sicht die Beläge von den Zahnwurzeln zu schaben. Der Termin war vereinbart und der Schwester graute vor dieser neuen Erfahrung. Ihr Bruder riet ihr, sie möge sich doch zwei Wochen mit Rohkost ernähren. Nach einer „Überlege-Woche" hatte sie sich dann tatsächlich dazu durchgerungen.

Am vereinbarten OP-Termin maß der Zahnarzt die Taschen dann nochmals nach. Und noch einmal. Um sie dann nochmals zu messen. Ergebnis: Die tiefste Tasche klaffte bis hinunter in fünf Millimeter Tiefe.

Chlorophyll hat sich als „Meister Proper der Parodontose-Vorsorge" bewährt

Die Operation wurde abgesagt, der Zahnarzt entschuldigte sich – er habe sich beim letzten Mal wohl vermessen. Allerdings wusste die Schwester von etlichen Parodontalbehandlungen her, dass die Taschen tatsächlich stets so tief waren. Der Zahnarzt hatte korrekt Maß genommen.
Ob er von der ungewöhnlichen Ernährungsumstellung erfuhr, entzieht sich meiner Kenntnis.

Zoomen wir uns das Phänomen Parodontose etwas näher heran: Tief unten in den Parodontaltaschen hausen anaerobe Bakterien mit dem zähflüssigen Namen Actinomycetem actinomycetemcomitans. Die brauchen keine Luft, denn sie beherrschen den sauerstofflosen foetiden Stoffwechsel. Gut riechen ist etwas anderes. Die Abgase

erzeugen den Mundgeruch, den man in der Schlange an der Supermarktkasse vom Vordermann einatmet. Der Erzeuger selbst hat sich schon dermaßen an die eigene Geruchsfahne gewöhnt, (der Mediziner nennt sie foetor ex ore), dass er sie längst nicht mehr wahrnimmt.

Der Zahnarzt hilft mit wiederholter Ausschabung, der Kürettage. Per Handarbeit. Lasertherapie und diverse eingebrachte Substanzen haben sich ebenfalls bewährt. Aber auch die Anleitung zu einer besseren Mundhygiene. Die Zahnfleischtaschen produzieren nämlich ein Sekret, Sulkusfluid genannt. Es ist ein Filterprodukt des Blutes. Folglich enthält es reichlich Substanzen, die sich auch im Blut befinden. Da tummelt sich mitunter so einiges, denn das Blut wird mit Inhaltstoffen aus dem Darm genährt. Ein Gräuel für die Zähne, die sich mangels Halteapparat nach einer Lockerungsphase frühzeitig verabschieden.

Die Moral von der Geschichte mit der Schwester: Wer seine Ernährung Richtung Grün ändert (und damit das Darmmilieu verbessert), kann imstande sein, Parodontaltaschen zu schließen und verbessert die Qualität seiner Atem-Emission. Denn was unser Darm so alles „einstecken“ muss – etwa falsche Nahrung, Bakterien- und Pilzausscheidungen – nährt über den Blutstrom unsere Parodontose.

Sauer macht lustig – aber nur im Volksmund

Ähnliche Milieuverbesserung lässt sich mit flüssigem Chlorophyll erreichen: Eine Reihe von Patienten berichteten nach mehrmaligem Spülen mit dem grünen Geruchsstopper von einer Besserung ihres Zahnfleischblutens. Zahnpasta mit Chlorophyll-Zusatz halte ich ebenfalls für eine hilfreiche Sache. Gleichwohl laufen äußerst selten Rehe, obwohl sie sich nie die Zähne putzen, mit Parodontose-Problemen herum. Die Übersäuerung, Ursache für Karies, Parodontose und Zahnausfall kommt eben in der freien Wildbahn kaum vor. Aber zuhause beim besten Kumpel des Menschen. Last but not least wegen Zivilisationskost und Fertignahrung leidet das heutige Haustier immer öfter am Repertoire eigentlich typisch menschlicher Volkskrankheiten. Zahnstein bei „kauentwöhnten" Hunden, Schoko-gepäppelte Katzen plagen sich mit Karies. Arthrose, Herz- Kreislaufprobleme – Tierärzte müssen zunehmend Diagnosen stellen, die ursprünglich für den Menschen vorgesehen waren.

Angesichts all dessen wird es langsam Zeit für eine knackige Parole auf Autoscheiben: „Stoppt rotes Zahnfleischbluten. Esst mehr Grün".

Zum Thema Übersäuerung des menschlichen Blutes (für mich „die Mutter aller Krankheiten") finden Sie übrigens in meinem Buch „Arginin. Der natürliche Kraftstoff für Blut, Kreislauf und Gesundheit" ein eigenes Kapitel.

Von Wassermangel und Milchschwemme:

Die Sache mit dem Flüssigkeitshaushalt

Wir wollten das Chlorophyll auf Herz und Nieren prüfen. Über die Nieren wurde schon berichtet. Nachgetragen sei, dass Zahnarztbesuche so manchem an die Nieren gehen – nachvollziehbar. Aber wie kommen wir jetzt vom Zahnfleischbluten zum Herzinfarkt? Versuchen wir es einmal so:

Der Herzinfarkt hat im Wesentlichen zwei Gründe:

- Erstens die Verkalkung der kleinen Herzkranzarterien, bedingt durch Zuflussstörung zur Herzmuskulatur.

- Zweitens die Verstopfung der Herzkranzarterien durch kleine Blutgerinnsel (Thromben) .

Hinzu kommt meistens noch eine „Verkrampfung" der kleinen Herzgefäßchen.

Beides kann sich noch verschlimmern, wenn im Körper Wassermangel herrscht. Ein Mangel, der sich mit zunehmendem Alter verstärkt, weil der Körper seine Fähigkeit zur Wasserspeicherung mit den Jahren peu á peu verliert. Im Babyalter sind es noch zirka 70 Prozent Wasser, die unseren Körper ausmachen, im Greisenalter nur noch 55 Prozent.
Die Folgen:

- das Blut wird dicker
- die Zellzwischenräume schrumpfen
- die Zellen verkleinern sich
- das Unterhautfettgewebe reduziert sich

- das Gehirnvolumen nimmt ab
- das Bindegewebe verliert seine Elastizität

„Mehr trinken", rät dann der Arzt. Aber damit ist die Ursache weder erkannt noch beseitigt. Denn der Ratschlag hat einen Haken. Viele meiner Patienten, die regelrecht „ausgetrocknet" zu mir in die Praxis kommen, klagen darüber, wie schwer es ihnen falle, noch mehr Flüssigkeit zu sich zu nehmen. Es würde via Urin schnell ausgeschieden.

Wer reichlich trinkt, kann trotzdem „austrocknen"

Ein simpler Test unterstreicht, wie entwässert diese Menschen sind: Man nehme auf dem Handrücken eine Hautfalte zwischen Zeigefinger und Daumen der anderen Hand, ziehe diese leicht hoch und beobachte, wie diese sich wieder in das Hautniveau einfügt. Braucht die Falte dazu einige Zeit und ist währenddessen noch sichtbar, mangelt es der Haut (und wahrscheinlich überall im Körper) deutlich an Wasser. Schnellt die Falte durch eine gesunde Hautelastizität (Hautturgor) sofort wieder zurück in einen glatten Handrücken, ist der Wasserhaushalt zumeist in Ordnung.

Fazit: Je älter der Mensch, desto größer der Wassermangel. Das „Auftanken" dieses Defizitzustands scheitert durch zu schnell einsetzenden Harnfluss. Das Wasser kann also schlechter „gehalten" werden. Sogar nachts muss öfters die Toilette aufgesucht werden. Man komme sich wie inkontinent vor, berichten Betroffene.

Der Vorgang lässt sich physikalisch so demonstrieren: Man schneide den Boden ei-

ner Flasche heraus und fülle von oben Wasser ein. Was wird geschehen? Logisch, das Wasser wird unten die Flasche ebenso rasch verlassen, wie es oben hereinkommt. Es sei denn, dort befindet sich ein „Wasserfesthaltestoff"!
Stopft man jetzt Zeitungspapier, Katzenstreu, Windel, Watte oder auch Taschentücher in dieselbe bodenlose Flasche, geht das Experiment ganz anders aus. Das Polstermaterial saugt sich mit Wasser voll, bis ein Sättigungsgrad erreicht ist und der Überschuss unten nur noch heraustr äufelt.

Ganz ähnlich funktioniert das in unserem Körper – irgendwann geht der „Festhaltestoff" zur Neige, die Hyaluronsäure ... Moment mal! Säure? In der Tat, diesmal aber in positiver Mission. Während die meisten Säuren unseren Körper schädigen, führt die Hyaluronsäure Gutes im Schilde. Sie ist mit entscheidend für eine glatte und frische Haut, auch als Hauptbestandteil der Gelenkflüssigkeit tut sie gute Dienste. In der Konsistenz zäh wie flüssiger Honig, fungiert sie als Schmiermittel bei allen Bewegungen der Gelenke. Ihre Hauptfunktion aber besteht darin, den Wasserhaushalt im Bindegewebe eines jeden Organs zu regulieren.

Doch nach und nach wird das hilfreiche Multitalent durch Attacken anderer Säuren aus dem Körper gespült und das über Jahre hinweg bis ins Greisenalter zunehmender. Der Austrocknung steht Tür und Tor offen. Auch unseren Gelenken nutzt diese freundliche Säure, hält sie doch das Gelenkwasser im Gelenkspalt fest. Die Wirkungskaskade sieht so aus:

Übersäuerung mit falschen Säuren ➽ Verlust an Hyaluronsäure ➽ weniger Gelenkflüssigkeit ➽ verschmälerter Gelenkspalt ➽ reduzierte Gelenkknorpelspülung ➽ herabgesetzte Knorpelernährung ➽ fragiler Knorpel ➽ Knorpelschaden schon bei leichten Gelenkbewegungen ➽ Gelenkschmerzen ➽ Arthrose ➽ Operation ➽ künstliches Gelenk.

Klingt irgendwie nach Kolbenfresser bei einem Auto, wenn der Schmierfilm reißt. Das lässt sich durch genügend Motoröl verhindern. Dem Orthopäden bleibt am Ende nur der Griff zur Hyaluronsäurespritze. Durch die gesteigerte Wasseraufnahme erholt sich das Gelenk rasch wieder. Weil die übrigen Körperregionen aber weiterhin unter einem Mangel dieser „Wasserfesthaltesäure“ leidet (ein einziges Gramm Hyaluronsäure kann bis zu sechs Liter Wasser binden), saugt sich das Gewebe den Vorrat halt aus dem Gelenk ab. Folge: Erneute Gelenkschmerzen, bald ist die nächste Spritze fällig, oft im Monatsabstand. Ist man bereits in dem Stadium, wo

Malerische Materie aus Licht, Luft und Wasser – diesen Zaubertrick beherrscht nur Mutter Natur

die Hautfalte stehen bleibt, Wasser kaum noch gehalten werden kann und Spritzen in Gelenke notwendig werden: Sofort den Hyaluronsäure-Haushalt auf Vordermann bringen. Die freundliche Säure gibt es in Kapseln oder als flüssige Trinkvariante – oder eben als Spritze vom medizinischen Feuerwehrmann direkt in den Ort des Geschehens hinein.

Aber der Setzkasten der Natur hat noch mehr gegen das innere Austrocknen parat. Greifen wir hinein in das Fach mit der Kennung „Ch". Denn Chlorophyll scheint im Körper ebenfalls eine Wasser anziehende Wirkung zu haben, das Blut wird fließfähiger. In den Blättern ist dieses Phänomen physikalisch leicht zu erklären: Kleinste Kapillarkräfte saugen das Wasser aus den Tiefen

der Wurzeln durch Stamm und Astwerk hindurch. Besonders reichlich dann, wenn die Blätter sprießen und der Baum im Frühlingsrausch seine ganze Pracht entfaltet. Das Chlorophyll kommt jetzt richtig in Wallung, wandelt auf biochemischem Weg Wasser und Kohlendioxid in die Zuckerarten Glucose und Fruktose sowie in Sauerstoff um. Der Vorgang ist uns noch aus dem Biologieunterricht bekannt: Die „Photosynthese“.

Hier die Formel für das Naturwunder „synthetisierter Sonnenschein“:

$6\ CO_2 + 6\ H_2O$ + Energie (Sonnenlicht) = $C_6H_{12}O_6$ (Zucker) + $6\ O_2$

Chlorophyll scheint Wasser durch diese chemische Umwandlung anzusaugen, denn sonst würde der Kapillarwasserfluss stagnieren.

Nun sind aber noch andere Kräfte in unserem Körper für das Speichern von Wasser verantwortlich, dies allerdings im weniger positiven Sinne:

- Glukose. Unser „herkömmlicher“ Zucker aus den Mühlen der Industrie. Je mehr von dem süß-weißen Schlappmacher im Gewebe, desto aufgequollener und damit „jugendlicher“ (weil vergleichsweise faltenfrei) ist es. Daher sehen 60jährige Durchschnitts-Diabetiker mit ihrem rosigen Rundgesicht immer so „gesund“ aus.

- Salz. Insbesondere unser allgegenwärtiges Speisesalz, das Natriumchlorid, saugt Wasser durch seine hydrophilen Eigenschaften an. Und es vermag den Blutdruck zu erhöhen, bis er medikamentös gebremst werden muss.

- Eiweiße. Allen voran das Albumin, welches mit etwa 9 Gramm pro Liter Blut reichlich vertreten ist. Bei einer

Eiweißmangelernährung (dritte Welt!) fehlt dieses Albumin im Blut. Dadurch haben jetzt andere eiweißhaltige Strukturen, etwa das Bauchfell, hinsichtlich Wasseranziehung mehr Kraft als das Blut und saugen es in die Bauchhöhle. Die Bauchwassersucht, der Aszites, ist entstanden, bei uns unter dem Begriff Hungerödem von schrecklichen Bildern aus dem Fernsehen bekannt.

- Die Schwerkraft. Bei Menschen mit stehenden Berufen wie etwa Kassiererinnen, Friseurinnen führt sie mangels ausreichender Rückflussmöglichkeit zu Wasseransammlungen in den Beinen. Bei einer bewegungsintensiven aufrechten Tätigkeit hingegen fließt das Blut durch den komplizierten Mechanismus der „Beinmuskelpume" von den Zehenspitzen bis ins Herz.

Um es noch einmal deutlich herauszustellen: Unsere Körperzellen benötigen Wasser. Für jegliche Stoffwechselvorgänge. Andersherum - „geschrumpfte Zellen" darben lediglich auf Niedrigwasser-Niveau. Die logische Erklärung auch für häufige Müdigkeit. Selbst Kopfschmerzen drohen, nämlich durch eine Reizung der Hirnhäute. Zwar nimmt das Gehirn selbst keinerlei Schmerzen wahr, schrumpft es aber (Wassermangel) oder expandiert es (Hirnödem), reizt das die Hirnhäute. Schmerzen entstehen! Praktisches Beispiel gefällig? Denken Sie an den morgendlichen Kater. Taucht garantiert auf, wenn abends zuvor reichlich Alkoholika ohne Begleitung einer nennenswerten Wassermenge zugeführt wurde.

Im Klartext: Alkohol trocknet aus, er entzieht dem Organismus Wasser. Besonders Biertrinker wissen, wie harntreibend der Gerstensaft wirkt. Das dazu benötigte „Mehrwasser" wird mal hier und mal dort im Körper entliehen. In der Nacht holen sich diese Gewebepartien einiges davon zurück. Zu Lasten des Gehirns, das nächtens „austrocknet" und prompt am folgenden Morgen schmerzt. im Hirn zu ergänzen. Dem Kater gesellt sich noch ein Überschuss an Histamin hinzu, insbesondere durch dunkle Alkoholika, etwa Bier, Whiskey oder Rotwein. Histamin ist ein Entzündungsauslöser. Helle Alkoholika wie Korn oder Vodka erzeugen trotz

Der „Nachbrand" ist geboren. Zum Frühstück werden dann saure Heringe verspeist oder Alka Seltzer muss her. Um den Wasserausgleich wieder herzustellen, das „Löschwasser" (Kaffee ist sinnlos und macht sauer) im Körper zu binden und den Wasservorrat ihres hohen Alkoholgehaltes weitaus weniger Nachbrand! Aber auch hier gilt: Bei Übertreiben droht Kater-Alarm!

Schier unglaublich scheint die Geschichte des jungen Mannes, der einigen Gläsern Bier stets ein Glas flüssigen Chlorophylls folgen ließ, wider besseren Wissens sich im eigenen Auto auf den Heimweg machte und prompt mit der roten Kelle heraus gewunken wurde. Der Alkoholtest ergab 0,0 Promille!

Kater und Heringe, womit wir wieder mitten im Tierreich wären. Und bei dem Ammenmärchen, Vitamin B_{12} komme nur in Produkten tierischer Herkunft vor. Doch Sauerkraut, Linsen, Mungbohnen oder auch Alfalfasprossen sind Abkömmlinge der Pflanzenwelt. Ebensolche wertvollen B_{12}-Träger sind übrigens Algen jeglicher Couleur und Herkunft, aber darauf kommen wir noch zu sprechen.

Zurück zur Kuh. Vitamin B_{12}-Mangel ist der geruhsamen Dame völlig unbekannt. Möglicherweise frisst sie beim Gras-Mampfen reichlich Kleingetier mit und ist daher fleischlich gut versorgt. Oder, was wohl eher zutrifft, sie hat im Darm die notwendigen Bakterien zur Synthese von Vitamin B_{12}. Und weil diese Bakterien auch mal was anderes von der Welt sehen wollen, als immer nur Kuhgedärm von innen, hüpfen einige von ihnen beim Schlachten ihrer Wirtin auf deren Muskelfleisch. So wird uns geholfen, das lebenswichtige B_{12} via Wurstbrot oder Fleischklops aufzunehmen. Denn die aktive Form von Vitamin B_{12}, das Coenzym B_{12}, produzieren Bakterien, die laut Dr. Vivian Vetrano (Doctor of Science in Natural Hygiene, University of Los Angeles) im Mundbereich und im Darm gefunden werden.

In einer gestörten Darmflora dagegen, wie sie vorzugsweise nach einer Therapie mit Antibiotika auftritt, wachsen und gedeihen Bakterien einer anderen Population. Und die verdrängen unsere freundlichen B_{12}-Produzenten. Ein fatales Ungleichgewicht. Ich bin der festen Ansicht, dass die Überzahl solcher deplatzierten Bakterien im Darm die Hauptursache für viele Krankheiten ist.

Anders ausgedrückt: Für eine optimale Gesundheit benötigen wir etwa 80 bis 85 Prozent „gute" Bakterien im Darm. Bekommen die „schlechten" Bakterien Oberhand, macht uns das anfällig für Infektionen und Krankheiten.

Übrigens reicht der B_{12}-Vorrat, den wir mit auf die Welt bekommen, nur für etwa drei Jahre. Dann sind die Speicher leer, vorwiegend die der Leber. Kommt es zu einer Unterversorgung, macht sich das zuerst durch verschiedene Mangelsymptome bemerkbar: Blässe, Leistungsschwäche, Müdigkeit und Sensibilitätsstörungen an der Haut.

Die Lösung aus dem Ermangelungs-Dilemma:

- unterschiedlichste Fleischsorten konsumieren
- reichlich Innereien verzehren
- irgendwie an Wiederkäuer-Darminhalt gelangen, z. B. dem Hausdackel seinen grünen, unbehandelten und übel riechenden Pansen aus dem Fressnapf stibitzen
- Vitamin-B_{12}-Kapseln einnehmen
- sich eine Vitamin-B_{12}-Spritze beim Arzt oder Heilpraktiker gönnen.

Zweifelsfrei sieht aber die beste Lösung so aus: Füttern wir die in unserem Dickdarm lebenden B_{12}-Produzenten mit geeigneter Grün- und Blätternahrung. Auf dass sie gedeihen und sich vehement vermehren.

Zurück zur Kuh, unserer hoch gelobten Calzium-Lieferantin: Wie entsteht eigentlich Calzium-Mangel, der im Extremfall mit einer Osteoporose endet – was frei übersetzt Knochenschwund heißt? Übrigens durchaus keine Exoten-Krankheit, in unseren Breitengraden ist heute schätzungsweise jeder Zweite davon betroffen.

Zivilisationskrankheit Osteoporose – hilft Milch aus der Tüte gegen Knochenschwund?

Global gesehen ist Osteoporose die häufigste Erkrankung des Skelettsystems, die Weltgesundheitsorganisation (WHO) zählt sie zu den zehn häufigsten Krankheiten. Warum Knochenschwund in früheren Jahren kaum ein Thema war? Sehen wir den Tatsachen ins Auge – Ernährung und Lebenswandel des modernen Menschen führen dazu, dass sich in unserem Körper zu viele Säuren sammeln. Diese Dauer-Attacken entstehen, weil wir zu viel, zu schnell und oft genug das Falsche essen.

Hinzu kommen immer mehr Stress und Umweltbelastungen. Irgendwann verändert die Säure den pH-Wert im Körper, das Gewebe reagiert sauer, verkommt zu einem ungesunden Milieu, das jeder Körperzelle schadet. Nun funktioniert aber der Stoffwechsel nur dann optimal, wenn zwischen Säuren und Basen im Körper ein ausgewogenes Verhältnis herrscht (wobei die basischen Anteile leicht überwiegen sollten). Ein ausgefeiltes chemisches System aus Säure fangenden Puffersystemen und Mineralstofffreisetzung zur Säureneutralisation hält bis zur Blüte unseres Lebens dieses Verhältnis aufrecht. Dabei werden mehr und mehr Mineralstoffe wie Magnesium und auf lange Sicht viel Calcium verbraucht. Kritisch wird es, wenn man seinen Zenit überschritten hat. So knackt manch luftiger Oberschenkelknochen beim morgendlichen Aufstehen. Obgleich er die Stabilität aufweist, um einem

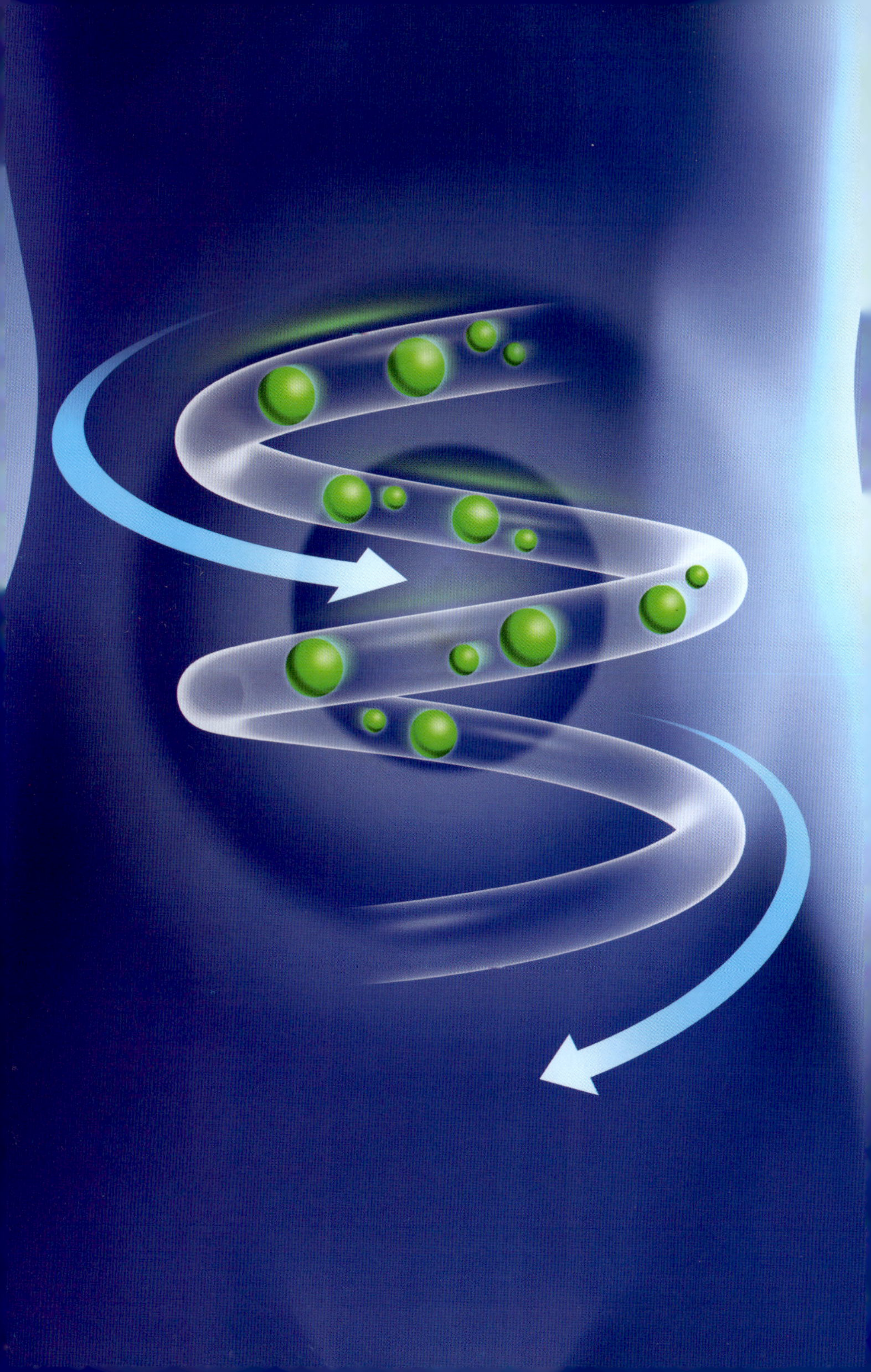

Kleinwagen als Wagenheber zu dienen.

Zweite Voraussetzung: Zellen und Zellzwischenräume müssen genügend Wasser haben.

Gegen Osteoporose erscheint das Pickel-Problem vieler Menschen geradezu nebensächlich. Wirklich? Viele werden sich erinnern, wie stark sie in jungen Jahren darunter litten. Zweifellos können die unerwünschten Hautunreinheiten die Psyche belasten und bis hin zu schweren Selbstwertproblemen führen.

Pickel seien ein Zeichen der Hautunreinheit, heißt es. Aber was steckt eigentlich dahinter? Angestautes Talgdrüsensekret, teilweise durch vermehrte Hormonausschüttung produziert, verstopft die kleinen Drüsenkanälchen, meist eine Pubertätssache. Es trifft aber auch Erwachsene, etwa an der Außenseite des Oberarmes sowie im Schulter-Nackenbereich. Die Talgmenge staut sich in Richtung Unterhaut zurück. Das reizt die Abwehrfunktion, der Pickel entzündet sich. Manipulation durch „Ausdrücken" zerstört in der Tiefe die kleinen Kapillargefäße. Die Entzündung verschlimmert sich. Nun sollen alkoholhaltige Waschlösungen die Kanalverstopfung auflösen und einen ungehinderten Sekretabfluss bewirken. Es wird aber auch farblich übergetüncht, gecremt, abgedeckt - und immer wieder „ausgedrückt" und eben alkoholgewaschen. Manchmal ist eine lebenslange Narbenbildung die Folge. Dieselbe Ursache führt übrigens oft zu einer Hautrötung am Fuß - der Körper sucht ein Ventil, um sich überschüssiger und schädlicher Substanzen zu entledigen, allen voran die körperfeindlichen Säuren.

Doch der nächste Verschluss ist schon programmiert. Weil die Ursache bleibt: Über die Talgdrüsenkanäle versucht unsere Haut, den sauren

Ballast (häufig begleitet von einer erhöhten Hormonkonzentration im Blut) zu entsorgen. Geradezu logisch, dass eine Ganzkörperentsäuerung die „Verklappung" über den Talgdrüsen-Weg reduzieren hilft. Zu diesem Zweck wird in Indonesien Schulkindern übrigens flüssiges Chlorophyll verkauft. Dadurch soll deren Haut reiner geworden sein. Auch die Konzentrationsfähigkeit steige dadurch, wird berichtet. Was wenig verwunderlich wäre, denn Chlorophyll versorgt das Gehirn vermehrt mit Sauerstoff.

All das macht wieder einmal deutlich, wie ungeheuer wichtig eine „intelligente" Ernährung ist. Heute werden deutlich mehr saure bzw. Säure bildende Nahrungsmittel konsumiert als früher. Vor allem aminosäurereiche Lebensmittel, etwa Fleisch, Fisch, Eier und Käse. Dazu kommt reichlich Bohnenkaffee und diverse Alkoholika. Nicht zu vergessen andere Säure fördernde Nahrungsmittel wie weißer Zucker, Süßigkeiten, polierter Reis und Nudeln – und das in immer größeren Portionen. Außerdem führen die heutigen Ernährungsgewohnheiten dem Organismus ständig mehr Säurekandidaten zu. Etwa Fast-Food-Mahlzeiten (reine Energieträger ohne wesentliche Mineral- und Vitalstoffanteile) und schnelles Essen, spätes Abendessen (Förderung von Fehlverdauung im Magen-Darm-Trakt). Dadurch bilden sich, insbesondere nachts, Gärungssäuren. Deren Abfallprodukt ist Alkohol – was selbst Abstinenzlern eine gehörige Alkoholleber verpassen kann!

Von Akne bis Übergewicht:
Chlorophyll bringt grünes Licht in saure Zeiten

Während wir uns – auch animiert durch clevere Werbung verschiedenster Art – immer mehr Säure bildende Nahrung einverleiben, rücken basische und neutrale Nahrungsmittel sukzessive weiter in die zweite Startreihe. Etwa heimisches Gemüse, Obst vom Bauern nebenan, Wild- und Biokräuter, Nüsse. Zudem haben unsere heutigen Nahrungsmittel einen Teil ihrer basischen Mineralsalze verloren. Durch „abgasgeschädigten" Regen, man nennt ihn sauer, kommt es zu einer Abnahme der Mineralien im Boden. Denn die Natur neutralisiert, man kann auch sagen puffert, sauren Regen mit Mineralien. Mit ein Grund, warum Obst und Gemüse schon längst nicht mehr die basische Wertigkeit besitzen wie früher, als es noch mit gutem Recht hieß: „One apple a day keeps the doctor away".

Und noch etwas ist anders geworden: In der „guten alten Zeit" wurde überschüssige Säure durch körperliche Arbeit ausgeschwitzt und abgeatmet. In unserer bewegungsminimierten Gegenwart der Büromenschen und Autofahrer sind die Möglichkeiten zur Säureausscheidung deutlich dünner gesät. Deshalb besteht ein Ungleichgewicht zwischen Säureaufnahme und Säureabgabe. Im Körper kommt es zu einem Überschuss an Säuren, die prinzipiell in jeglichem Gewebe gelagert werden können. Die Endlagerungsproblematik, das wissen wir aus anderen Bereichen des menschlichen Lebens, hat aber ihre Tücken.

Viel zu wenig bekannt – Gräser sind kraftvolles Knochenfutter

Das Gemeine daran: Es ist ein schleichender Vorgang, dem anfangs kaum Beachtung geschenkt wird. Ist aber das Gleichgewicht erst einmal „gekippt", verändern sich die Strukturen im Gewebe. Dieses kann dann das Wasser nicht mehr gut binden und trocknet langsam aus. Indizien: In den Gelenken knirscht es, die Organe arbeiten schwergängiger, der Stoffwechsel funktioniert nur noch schleppend. Also lässt sich der Körper etwas einfallen. Er holt sich Mineralstoffe, um die Säuren zu neutralisieren – auch Calcium und Co. aus den Knochen. Im Ansatz gut gemeint. Aber nun fehlt dort das Calcium, worauf das Knochengerüst anfängt zu bröckeln wie ein marodes Mauerwerk. Bis es dann zum Knacks kommt. Und der bedeutet häufig Kunstgelenk, Rollstuhl oder gar Pflegeheim.

Die Milch wird gerne als Rettungsengel der Calcium-Geschädigten dargestellt. Tatsache ist: Fehlt es den Knochen an Bausteinen, hält die Osteoporose Einzug ins menschliche Gebälk. Aber selbst Knochen mit einer Konsistenz wie ein Schweizer Käse halten der Alltagsbelastung recht lange stand. Doch eines Morgens ist es soweit: Ein kleiner Stolperer auf dem Weg ins Bad oder nur das Aufstehen aus dem Bett gibt der der morschen Knochenkonstrukt den Rest. Das Krankenhaus diagnostiziert einen Oberschenkelhalsbruch. Dabei hält ein gesunder Oberschenkel für gewöhnlich das Gewicht von 1.000 Kilogramm aus. Das entspricht etwa dem eines VW-Käfers. Aber schon naht guter Rat – gegen die vermaledeite Knochenbröselei müsse man Milch trinken, heißt es, und das möglichst in großen Mengen. Wegen ihrer Eigenschaft als Calciumspender.

Weniger bekannt dagegen: In den USA sind Werbeaussagen über angeblich gesundheits-

fördernde oder Krankheiten vorbeugende Eigenschaften verboten, in anderen Ländern stehen sie unter permanenter Kritik. Dass die angeblich so gesunde Milch ein Irrglaube ist, zeigt unter anderem eine Studie der Harvard School of Public Health. Ergebnis: Erhöhter Milchkonsum könnte zu einem erhöhten Osteoporose-Risiko führen.

Jetzt aber mal ein völlig anderer Aspekt: Wie kommt das Calcium überhaupt in die Milch hinein? Spritzt es der moderne Bauer etwa direkt in das Euter? Füttert er es über eine Pipeline mit Nahrungsergänzungen zu? Trinkt die Kuh selber Milch in rauen Mengen? Selbstverständlich stimmt weder das eine noch das andere. Wohl eher nimmt die Kuh das Calcium per unermüdlich quer malmender Eigenarbeit auf, mit dem Gras nämlich. Kommt prompt der Gedanke auf, ob unser Calciumhaushalt ebenfalls durch den Genuss von Chlorophyll zu decken wäre. Will heißen, öfter mal ins Gras beißen, Kühe und Schafe schaffen das doch auch ... Ein recht nahe liegender Gedanke. Denn meiner ärztlichen Erfahrung nach ist bisher noch kein Patient, der mit Milch gegen seine Osteoporose antrank, von der Maladie geheilt worden. Auch deshalb empfehle ich, das weiße „Lebensmittel" besser auf die rote Liste zu verbannen und es den Kälbern zu überlassen.

Diesen Rat gibt auch die amerikanische Ärztin Dr. Ann Wigmore, die sich, an Krebs erkrankt, mit den Heilkräften des Weizengrases beschäftigte: „Ich rate Ihnen nicht, regelmäßig Milch oder Milchprodukte zu sich zu nehmen, denn sie enthalten zu viele tierische gesättigte Fette und Cholesterin. Wenn die Milch pasteurisiert, homogenisiert und mit synthetischem Vitamin D angereichert wird, ist sie für einen normalen Menschen schwer zu verdauen.

Es ist deshalb ganz wichtig, reichlich grünes Gemüse, Sprossen und Meerespflanzen in Kombination mit Weizengras zu essen, um eine ausreichende Kalziummenge sicherzustellen."

Einer aktuellen Studie zufolge ist es gelungen, Chlorophyll erfolgreich gegen Darmkrebs einzusetzen, sogar nachhaltiger als es die Chemotherapie vermag. In der Studie des Linus Pauling Instituts - veröffentlicht im International Journal of Cancer - wurde die Aktivität von Chlorophyllin, einem wasserlöslichen Chlorophyll-Derivat untersucht. Dabei fanden die Forscher heraus, dass dieses im Vernichten von Darmkrebszellen zehnmal wirksamer war als ein bestimmtes chemotherapeutisches Medikament, das normalerweise während der Krebsbehandlung eingesetzt wird.

Setzen Sie also (und dies ganz und gar unparteiisch) ausgewiesene Chlorophyllträger auf die Grüne Liste. Als kraftvolles Knochenfutter, besonders im Winter, eignen sich Grünkohl, Brokkoli, Fenchel und Lauch. Allesamt punkten mit besonders hohem Calziumreichtum. Auch frische Kräuter wie Petersilie, Kresse, und Schnittlauch sowie Nüsse, Sesamsamen und Sonneblumenkerne sind üppig mit diesem Mineralstoff ausgestattet. Einen ausgezeichneten Gesundheitseffekt kann man auch mit Spirulina, Chlorella, Afa-Algen, Weizengras, Alfalfa und Chlorophyllin erhalten.

Achten Sie darauf, schon zum Frühstück Obst zu essen! Kernfrüchte vorzugsweise mit Kernen, soweit kaubar. So passen etwa zum Apfel einige Mandeln als schmackhafte Kombination.

Ist die Calciumaufnahme durch diese Maßnahmen ausreichend, stellt sich noch ein weiteres Problem zwischen

„Vielleicht sollten wir
öfter mal ins Gras beißen!“
Frank Jester

uns und unsere Gesundheit: Das Calcium muss erst über den Darm resorbiert werden.

Hierbei ist der Zungenbrecher Dihydroxycholecalciferol äußerst wichtig, das Vitamin D_3. Es öffnet die Calcium-Kanäle für die Aufnahme in die Blutbahn.

Vitamin D_3 bekommen wir auf zwei Arten:

1. über die Nahrung
2. per Eigensynthese über die Haut

Die Produktion im Organismus über die Haut erfordert

Raus aus dem Sauerstoffnotstand – ran an die frische Luft

Sonnenlicht, in unseren Breiten während der dunklen Jahreszeit leider weniger reichlich vorhanden. Folglich messe ich im Blut meiner Patienten regelmäßig extrem niedrige Vitamin D_3-Konzentrationen.

Eine auch bei mir selbst nachgewiesene Konzentration am unteren Grenzwert veranlasste mich zu einem Eigenversuch, dessen Nachahmung allerdings zu vermeiden ist: Über fünf Wochen lang tankte ich gegen meinen Mangel täglich 20.000 I.E. (Internationalen Einheiten) Vitamin D_3. Die empfohlene Menge soll höchstens 2.000 bis 5.000 I.E. pro Tag betragen, empfehlen führende Vitamin-D-Forscher.

Ergebnis: Erst nach vier Wochen war mein Vitamin-D-Pegel im Blut am oberen Normwert angelangt – und fiel nach der Selbstmedikation zusehends wieder ab, um sich auf ein mittleres Niveau einzupendeln.

Fazit: Man kann Vitamin D überdosieren, daher gibt es

Reglementarien für eine tägliche Höchstmenge. Doch dieser Wert erscheint mir mit 800 bis 2.000 I.E. zu niedrig. 4.000 bis 5.000 I.E. pro Tag halte ich, ebenso wie Professor Dr. med. Jörg Spitz, für vertretbar. Nebenwirkungen, etwa erhöhte Blutcalciumwerte oder Nierensteine sind bei mir im Übrigen nicht aufgetreten.

Die weitaus bessere Lösung: Einfach öfter raus an die frische Luft gehen und ordentlich Sonne tanken! Denn unsere Frau Sonne ist die denkbar kraftvollste Vitamin-D-Lieferantin. Dieses überaus wichtige Vitamin synthetisiert die Haut mittels UV-Strahlung.

Herz und Nieren hatten wir schon. Schauen wir also mal nach der Lunge. Sozusagen die Aufladestation, in der das Blut mit Sauerstoff betankt wird, bevor es auf die Reise geht zu den einzelnen Körperorganen. Indiz für einen guten Sauerstoffstatus: Eine frische Gesichtsfarbe, zeigt sich besonders deutlich nach sportlichen Aktivitäten. Nicht zu verwechseln übrigens mit den chronische Rötung erzeugenden Unterhautentzündungen, wie ich sie bei vielen Nahrungsmittelunverträglichkeiten beobachte! Blässe hingegen hat oft mit Sauerstoffmangel und unzureichender Hautbräunung zu tun. Häufig bei Stubenhockern zu beobachten. Heute gibt es davon ganz neue Typen, etwa den TV-Dauerkleber oder den chronischen Computerfreak.

Paradebeispiele für Menschen im Sauerstoffnotstand sind allerdings die Raucher. Ich behaupte, dass Dauerqualmer schon an ihrer Gesichtsfarbe zu erkennen sind: Fahl, scheckig, blau-rot, eingefallen. Meist auch noch – auch wenn die rauchende Damenwelt es weniger gern hören mag – voller Falten. Künstlich provozierte Alterung nenne ich das. Denn Faltengebirge (übrigens auch schütteres Haupthaar und Potenzprobleme beim Mann) kommen kaum von ungefähr. Auf Sauerstoffentzug leiden die allermeisten Lebewesen nämlich wie Primeln unter einem gießfaulen Gärtner. Sie lassen die Köpfe hängen.

Grün macht glücklich – und es lässt die Pfunde purzeln!

Zum Glück gibt es Sauerstoffzelte und Ozontherapie. Okay wer's sich leisten kann und will. Landet der Suchtsauger erst beim Lungenchirurgen, ist es allerdings allerhöchste Eisenbahn. Wer Glück hat, erwischt noch eine Rückfahrkarte. Erinnert mich an einen Kettenraucher, den ich notärztlich zu versorgen hatte. Beim Abtransport hörte ich einen Hausbewohner auf dem Flur fragen: „Was ist denn mit ihm?" Daraufhin ein anderer: „Keine Ahnung, er hat nur noch schrecklich geröchelt."

Könnte ich eine Aufklärungskampagne starten, hieße der Slogan wahrscheinlich „Chlorophyll statt Sauerstoffzelt". Denn neben den schon skizzierten Highlights glänzt das grüne Blut aus dem Blatt auch als wahrer Sauerstoff-Booster. Und wer's sportlich mag: Die Ärztin eines Bodybuilders diagnostizierte einen gesteigerten Blut-Sauerstoff-Gehalt nachdem er einige Wochen lang flüssiges Chlorophyll zu sich genommen hatte.

In vielen Kulturen ist das Frühjahr ideal für die innere Reinigung und Entschlackung. Klar – wo viel Holz verbrannt wird, typisch für die Winterzeit, dort entsteht auch viel Asche. Auf den Menschen übertragen: In unserem Körper, besonders im Gewebe, sammeln sich in der kalten und vergleichsweise bewegungsarmen Jahreszeit viele

Stoffwechselschlacken. Eine Frühjahrskur ist fällig und deren vielfältige Variationen bescheren Gesundheitsmagazinen und Frauenzeitschriften immer wieder enorme Auflagen. Dabei wird der Jo-Jo-Effekt gerne ignoriert. Der besagt nämlich, dass alle Diäten einen Haken haben: Schon erstaunlich kurze Zeit nach Beendigung ist das alte Kampfgewicht wieder an Bord. Meist sogar noch mehr, denn der Körper rächt sich für den Entzug – und rüstet sich mit neuen Kilos für die nächste „Mangelperiode“.

Unser Entgiftungsorgan Nummer eins, die Leber, leidet extrem unter Ebbe und Flut von anschwemmenden Schadstoffen, die sie zu neu-

tralisieren hat. Wie sagte ein Professor in einer Vorlesung so schön: „Man könne sich 90 Prozent der Leber versaufen, sie würde noch die allermeisten Aufgaben erledigen!“ Also ein wahres Arbeitstier. Doch Sauerstoffmangel, Durchblutungsstörung und vermehrte Bakteriengifte aus dem Darm verpassen ihr eine chronische Breitseite.

Zu einer Leberkur gehört aus meiner Sicht unbedingt Chlorophyll. Es vermag die Leberfunktion in jeder Hinsicht zu verbessern und sollte bereits als „Leberprotektion“ genommen werden! Auch unterstützt es Fastenkuren, die gerade vor Ostern immer beliebter werden, um dem Winterspeck ade zu sagen.

Aber abgesehen vom Frühjahr – mittlerweile ist Übergewicht ein ständiger Begleiter des modernen Menschen. Die Zeiger der Waagen dieser Welt weisen immer auf immer höhere Kilozahlen hin. Längst warnen Wissenschaftler vor einer Fettleibigkeits-Epidemie. Über 1,5 Milliarden Menschen auf diesem Globus haben längst mit Siebenmeilenstiefeln ihre Traumfigur hinter sich gelassen – Richtung Übergewicht. Hinzu kommen fast 700 Millionen Fettleibige, sozusagen die Oberliga-Akteure unter den Übergewichtlern, vormals angeführt von Manuel Uribe, einem 570-Kilo-Mann aus Mexiko. Mehr als nur eine Frage der Optik, laut Weltgesundheitsorganisation (WHO) birgt Fettleibigkeit eine mindestens ebenso große Gesundheitsgefahr wie das Rauchen.

Aber wo anfangen mit dem Abspecken? Ein weites Feld. Jedenfalls ist gut beraten, wer seine Ernährungsgewohnheiten auf den Prüfstand stellt und sich über Alternativen Gedanken macht. Viel Obst und Gemüse sollten auf jeden Fall dazugehören. Wer dies nicht immer realisieren kann (etwa aus beruflichen Grün-

den), sollte sich zumindest über geeignete Nahrungsergänzungen beraten lassen.
Der jüngsten These zufolge sind für die Entstehung von Übergewicht „falsche" Darmbakterien verantwortlich. „Der Mensch ist, was er isst", dieses Paracelsus-Wort trifft vollends auf diese Röhrenbewohner zu: Ein Fleischesser beherbergt Fäulnisbakterien, ein Brotesser zumeist Pilze, die wichtige Bakterien verdrängen, und ein mit Antibiotika Behandelter braucht zumeist einen kompletten Darmaufbau.

Pilzbefall führt zu häufigen Heißhungerattacken auf Süßes. Selbst das Denken wird von der Darmflora beeinflusst: Faulgase sollen Aggressionen fördern und bestimmte Darmbakterien haben in Tierversuchen zu verändertem psychischem Verhalten geführt.

Das Fasten kann hier eine regulierende Rolle spielen. Aber bitte nur in Absprache mit dem Hausarzt, um Mangelerscheinungen zu vermeiden. Sinnvoll ist auch der Aufbau des Darmmilieus durch geeignete Bakterienstämme.

Eines darf ich noch zum Thema Obst und Gemüse hinzufügen: Man sollte darauf achten, aus welcher Kinderstube die verzehrte Grünware stammt. Es sollte möglichst aus Bio-Anbau kommen, denn dort stecken nachweisbar mehr Vitalstoffe drin als bei Ware aus der modernen Turbo-Landwirtschaft. Und sooft wie möglich Wildkräuter. Gemüse aus dem Glashaus hingegen zählen zu den Warmduschern im Pflanzenreich. Mit anderen Worten, unser Treibhausgemüse, abgeschirmt von Wind und Wetter und in Massenkolonien gezüchtet, ist verweichlicht. Weitaus mehr wertvolle Wirkstoffe liefern Kräuter und Salate aus der freien Natur. Der Grund: Dort draußen müssen sie sich gegen Schädlinge wie Bakterien oder Pilzbesiedelung weh-

„Keineswegs wird man durch Chlorophyll grün hinter den Ohren“
Frank Jester

ren. Auch gilt es, sich gegen Schädigungen durch die Sonne zu schützen. Je weniger eine Pflanze vom Menschen in die sprichwörtliche Watte gepackt wird, umso mehr Schutzstoffe entwickelt sie. Und umso wirksamer ist ihr Verzehr für Mensch und Tier. Das beweisen übrigens auch die Tiere im Zoo. Deren Verzehr an Grünnahrung liegt nämlich glatt zehn Mal höher als in freier Wildbahn.

Vielen zweibeinigen Bio-Verweigerern geht es ähnlich. Eine Reihe von Untersuchungen hat nämlich ergeben, dass Obst und Gemüse aus der gegenwärtigen Hochleistungslandwirtschaft in den letzten Jahren ganz erheblich an Vitalstoffen eingebüßt hat. Masse statt Klasse also. Und das bedeutet: Um von „hohlen Kalorien“ satt zu werden, muss mehr gegessen werden. Zustände wie im Zoo!

Letzter Tipp hierzu: Von den gesunden Chlorophyllträgern so viel wie möglich in Rohkostform verzehren. Gekochtes hat bereits erhebliche Anteile vom grünen Powerstoff eingebüßt. Faustregel: 60 bis 70 Prozent der täglichen Nahrung sollten aus lebendigem Pflanzengewebe bestehen. Essen Sie also Leben, greifen Sie so oft es geht zu vitaler Rohkost!

Mehr Tempo beim Transport – L-Arginin spült den Tiger in den Kreislauf

Teamwork ist in, in der Natur schon längst. Deshalb empfehle ich, dem natürlichen Sauerstofflieferanten Chlorophyll ausgewiesene Spezialisten an die Seite zu geben. Besonders geeignet als Chlorophyll-Kumpel: Vitalstofflieferanten mit der martialischen Bezeichnung Radikalenfänger. Der Wissenschaftler nennt sie Antioxidantien, sie sind sozusagen ein biologischer Rostschutz gegen oxidativen Stress. Diese Bodyguards halten wild gewordene Atome im Zaum, die permanent durchs Blut rasen und unsere Körperzellen angreifen.

Wie bei den Chlorophyllträgern sollten übrigens auch die „Mutterschiffe" der Radikalenfänger möglichst dunkelfarbig sein. Besonders geeignet: Dunkle Beeren von Acai bis Wu Wei Zi (Schisandra). In heimischen Gefilden reicht das Beeren-Angebot von Aronia über Blaubeere bis hin zur Preiselbeere.

Chlorophyllbringer und Vitaminbooster hätten wir also an Bord. Der dritte Experte im Bunde heißt Arginin, genauer gesagt L-Arginin. Zählt zu den Aminosäuren mit dem Prädikat essenziell, nämlich lebenswichtig, und steckt beispielsweise in Kürbissen, Walnüssen, Buchweizen. Mit zunehmendem Alter verliert der menschliche Organismus allerdings seine Fähigkeit, aus der Nahrung ausreichend L-Arginin herauszuholen. Weiteres Manko: Es gibt einen mächtigen Gegenspieler. Es ist ein Molekül namens ADMA (Asymmetrisches Dimethylarginin), und das kommt aus bisher unbekannten Gründen mit zunehmendem Alter in immer höherer Konzentration in unserem Blut vor.

Weil aber Chlorophyll unter anderem entsäuert, brauchen wir unbedingt ausreichend L-Arginin – damit unser Körper die Entsäuerungsprodukte verstärkt hinwegspülen kann. Das vermag Schmerzen in allen Bereichen des Körpers zu reduzieren. Zudem hilft L-Arginin dem Kreislauf auf die Beine, unterstützt ihn beim Transport wichtiger Nährstoffe bis in die tiefsten Winkel des Körpers. Man könnte auch

sagen bis in die Haarspitzen des Adernsystems, die klitzekleinen Kapillaren.
Der Grund: L-Arginin verbessert die Fließeigenschaften des Blutes, das ist aus verschiedenen wissenschaftlichen Untersuchungen bereits bekannt. Forscher von der Universität Kairo fanden zudem kürzlich heraus, L-Arginin verhindere das Verkleben der Blutplättchen sowie die Verdickung der Arterien-Innenschicht „mindestens ähnlich gut" wie der chemische Blutverdünner ASS. Allerdings gab es einen deutlichen positiven Unterschied: L-Arginin war nebenwirkungsfrei.

L-Arginin spült also sozusagen den Tiger in den Kreislauf. Wie enorm wichtig dieser Blutkreislauf für die Gesundheit ist, „predigte" uns schon Gesundheitspfarrer Kneipp: „Bei der menschlichen Natur ist das Wichtigste, um gesund und ausdauernd zu sein, dass der Blutumlauf im ganzen Körper in Ordnung ist". Wer will da widersprechen? L-Arginin kann aber noch weitaus mehr. Zahlreiche weitere Fakten über das „Wundermolekül", für dessen Erforschung es 1998 den Nobelpreis gab, finden Sie in meinem Buch „Arginin. Der natürliche Kraftstoff für Blut, Kreislauf und Gesundheit".

Chlorophyll to go:
das Reserve-Grün fürs Handschuhfach in Hardware-Variante

Sie dürfte sich in höchst überschaubaren Grenzen halten – die Zahl derer, die ständig ihre Taschen oder den Kofferraum voll haben mit Petersilie, Spinat oder ähnlichem Grüngold aus der Schatzkiste von Mutter Natur. Aber der Mensch ist seit jeher erfinderisch und so kam er irgendwann auf die blendende Idee mit den Nahrungsergänzungen. Waren es in früheren Zeiten beispielsweise getrocknete Früchte oder Blätter, letztere gerne als Tee geschlürft, kommen deren moderne Nachfolger als Dragees, Presslinge oder in Pulverform daher. Oder sie präsentieren sich flüssig, gewissermaßen als guter Geist in der Flasche.

Davon ahnte Familie Alge natürlich noch nichts, als sie sich (vor etwa zweieinhalb Milliarden Jahren) daran machte, das Sonnenlicht für ihre Zwecke zu nutzen und bei dieser Gelegenheit die Meere der Erde mit einem gigantischen Reservoir an schwebendem Grün auszustatten.

Ähnliches geschah, als die pflanzlichen Pioniere endlich Land unter die fiktiven Füßchen bekamen und die Evolution ihnen Blätterform verordnete. Dadurch bekam die Erde einen schicken Schirm, der Schatten, Sauerstoff und Nahrung spendete. Ideal für kriechende, schlängelnde, fliegende Lebewesen (von denen die Gattung Mensch sukzessive aufrechte Fortbewegung als auch computergesteuerte Mondlandungen beherrschen lernte).

Werfen wir einen Blick auf die grünen Joker von Mutter Natur:

AFA – die wilde Ur-Alge punktet als Brainfood-Lieferantin

Im nassen Kosmos der Weltmeere tummeln sich hunderttausende Arten von Algen. Lediglich etwa einhundert sind bisher näher erforscht und für den menschlichen Verzehr als geeignet befunden worden, darunter so exotisch klingende Vertreter wie Arame, Kombu, Makabu oder Hiziki. Eines haben sie gemeinsam: Sie sind besonders reich an Vitalstoffen wie etwa Chlorophyll, Vitamin B_{12}, Beta-Carotin, Aminosäuren, Fettsäuren, Mineralstoffe, Spurenelemente, Mineralstoffe und Vitamine. Jeder einzelnen der nominierten Algen gebührt das Prädikat „Power-Nahrung für Körper und Geist". Aber jede hat ihre speziellen Vorzüge.

Beginnen wir unsere Stippvisite im Reich der hochgradig Chlorophyll führenden Nahrungsergänzungen bei der Blaugrünen Alge. Sie gilt als Ur-Alge, Wissenschaftler tauften sie auf den Namen

Aphanizomenon-flos-aquae – umgangssprachlich auf AFA-Alge heruntergekürzt.

Eine einzige Location auf dem gesamten Globus bietet der schlichten Ur-Alge mit dem pompösen Namen optimale Lebensbedingungen. Es ist der Upper Klamath-Lake, im US-Staat Oregon. Dort waschen Schnee und Regen hochwertige Mineralien aus umliegenden Gletschern und Bergen mit Vulkangestein – und machen das in 1.400 Meter Höhe gelegene Gewässer zum energiereichsten See der Erde. Das gefällt dem AFA-Clan, dort betanken sich die vor Chlorophyll strotzenden Mikro-Algen im Süßwasser-Schlaraffenland aufs Vorzüglichste. Beispielsweise mit über 20 verschiedenen Aminosäuren, den Grundbausteinen für Eiweiße, wovon sie ca. 70% in der Trockenmasse enthält. Hinzu kommen reichlich Vitamine, Mineralien und Lipide, also Fettbausteine. Und weil Mutter Natur die AFA mit ganz einfachen Maschen strickt, sind all diese Nährstoffe für den menschlichen Körper sogar weitaus besser zu assimilieren als die meisten Gemüse. Ganz zu schweigen von anderen Lebensmitteln, etwa aus der Eisbein-Kategorie. Die Wissenschaft (gerne dürfte sie öfter so plausibel sein im Vokabular) hat hierzu ein wunderschönes Aha-Wort geboren: Bioverfügbarkeit. Die soll beim „blaugrünen Manna“ bei 98 Prozent liegen.

Die AFA-Alge gilt als weltweit beste „nichttierische“ Quelle für Vitamin B12

Darüber hinaus gilt die uralte Alge als genialer Energiespender für unser Gehirn. Wer sie in ausreichenden Mengen verzehrt, heißt es, der überwinde rasch Müdigkeit und Depression und erlange dauerhaftes Wohlbefinden. Mit der Ur-Alge wurden auch Erfolge bei Senilität und Alzheimer erzielt, die teilweise zu einer Besserung der Krankheitssymtome führten. Manche Ernährungsexperten halten sie für die vollständigste Gehirnnahrung auf der Welt. Ein weiterer Parade-Punkt: AFA gilt als beste „nichttierische“ Quelle für Vitamin B_{12}.

Die Algen im blaugrünen Gewand, weitgehend wild wachsend und extremsten Temperaturen trotzend, sie punkten auch als kraftvolle Entgiftungstruppe. So wurden sie etwa in Japan eingesetzt, um Menschen von Cadmiumbelastungen zu befreien. Ähnliches gilt für Blei und Silber, welches die kleinen AFA-Kraftprotze aus Körper- und Gehirnzellen schleusen, und schließlich für radioaktive Substanzen. Last but not least kommt die Klamath-Alge bei allergischen Erkrankungen zur therapeutischen Anwendung. Bei dieser Gelegenheit werden zum einen die Symptome beseitigt, zum anderen, so versichern ihre Befürworter, verschwinde oft auch die Allergie selbst.

Angesichts all dessen erstaunt es kaum noch, dass die AFA-Alge mit einem Chlorophyll-Gehalt gesegnet ist, der höher liegt als bei allen anderen grünen Pflanzen.

Die täglich empfohlene Verzehrmenge ist wie bei allen Algen zu gering, um den Tagesbedarf an Vitalstoffen zu decken. Dennoch erstaunen die Algen mit interessanten Wirkungen, wie der folgende Vertreter aus diesem Mikrokosmos.

Spirulina – friedvolle Vitalstoff-Bombe im Löckchen-Look

Weiter geht's mit dem Loblied auf die Stars unter den Chlorophyll-Trägern. Anders als die eben vorgestellten „Ledernacken der Algenfamilie" gedeiht die Spirulina, ebenfalls eine Blaualge, am besten bei konstant hohen tropischen und subtropischen Temperaturen. Fans der italienischen Küche wird ihre Bezeichnung sogleich ein leckeres Bild auf den inneren Monitor servieren: Die Nudel namens Spirelli, in Italien Fusilli genannt. Auch sie in der eigenen Achse nach Korkenzieherart gedreht, ohne allerdings, trotz aller Schmackhaftigkeit, mit solch enormem Gesundheitspotenzial gesegnet zu sein wie ihre Namensvetterin aus dem Pflanzenreich. Genau das war offenbar schon den Azteken bekannt, Berichten zufolge züchteten sie die gesunde Spiral-Alge schon vor über 1000 Jahren in eigens angelegten Kulturen. Auch die Ureinwohner rund um den Tschad-See in Afrika wussten um ihre Wertigkeit als Nahrungsmittel. Heute wird die wendelförmige Vitalstoffbombe längst auch anderswo gezüchtet, in großen Wasserbecken und nach Bedarf mit Nährlösungen „gefüttert".

Kleiner Abstecher in die Weltraumfahrt (und in die Zukunft?): Experten der amerikanischen Raumfahrtbehörde NASA halten Spirulina für eine Nahrungsquelle, die unter Weltallbedingungen wachsen könnte. Gegenwärtig wird die grüne Spirale auf ihre Eignung als nachwachsende Nahrungsquelle für lang dauernde Weltraumreisen getestet. Klappt das, dürfen sich die Astronauten freuen. Auf Spirulina-Spiegelei zum Frühstück etwa. Zu Mittag gibt's gelegentlich

Algensteak, abends hilft ein Green Cocktail in den Schlummer. Fügt der Weltall-Koch noch rote Vitalstoffe aus dem Beerenvorrat hinzu sowie einen Schuss L-Arginin, dürften Hungersnot und Scorbut, im Kolumbuszeitalter auf allen Schiffen gefürchtet, an Bord in der kosmosnahen Kapsel kaum zum Thema werden.

Auch die Konstrukteure der Raumkapsel können, sollten sich die Annahmen bestätigen, freuen. Nämlich auf weniger Ballast. Denn Spirulina ist gut geeignet als natürliche Appetitbremse, wirkt also als Schlankmacher. Dennoch wird der Organismus mit Aminosäuren versorgt, die einen Muskelabbau verhindern.

Kehren wir von der Zukunftsmusik zurück zu den gegenwärtigen Fakten: Spirulina ist die reichhaltigste natürliche Eiweißquelle, schwärmen ihre Anhänger. In der Tat, sie kann mit etwa 60 Prozent Proteinen protzen, das sind ungefähr drei Mal soviel wie Steak & Co in die Waagschale werfen können. Bleiben wir beim Vergleich mit Produkten aus dem Metzgerladen: In der zierlichen Spirulina stecken sechs Mal mehr Vitamin B_{12} sowie 28 Mal mehr biologisch hochwertiges Eisen als in Rinderleber, sogar mehr Calzium als in Milch.

Selbst manch berühmter Konkurrent aus dem Pflanzenreich muss dem gelockten Winzling den Vortritt lassen. So enthält sie zehn Mal soviel Eisen wie der anerkannt stärkende Spinat – ein wichtiges Faktum für Vegetarier und bei Diäten. Ebenso wichtig: Die Alge liefert eine stark basische Nahrung mit hohem pH-Wert, bewirkt somit eine ausgewogene Säure-Basen-Balance. (Angesichts dessen sei nochmals ein Hinweis auf mein Arginin-Buch, in welchem ich ausführlich erkläre, warum eine Übersäuerung des Körpers für mich die „Mutter aller Krankheiten“ ist).

Chlorella – das Aschenputtel ist die Chlorophyll-Queen

Alle Ur-Nahrung ist reich an Chlorophyll. Dennoch genießt die Chlorella, was ihre Popularität angeht, gegenüber der Spirulina immer noch eine relativ bescheidene Popularität. Was daran liegen mag, dass diese Grünalge erst Ende des 19. Jahrhunderts entdeckt wurde. Aber ihr Aschenputteldasein ist völlig unberechtigt. Schließlich erhielt sie ihren lateinischen Namen Chlorella (nomen est omen) wegen ihres außergewöhnlich hohen Chlorophyll-Anteils. Der höchste, der je bei einer Pflanze gefunden wurde!

Neben ihrem sehr hohen Gehalt an Chlorophyll ist besonders hervorzuheben

- hohe Konzentration an Vitamin A und B
- hoher Gehalt an Eisen
- hoher Gehalt an CGF (Chlorella-Wachstumsfaktor)

Wegen ihres etwas geringeren Proteingehaltes wird diese Alge bei Darmproblemen, Blähungen und dergleichen

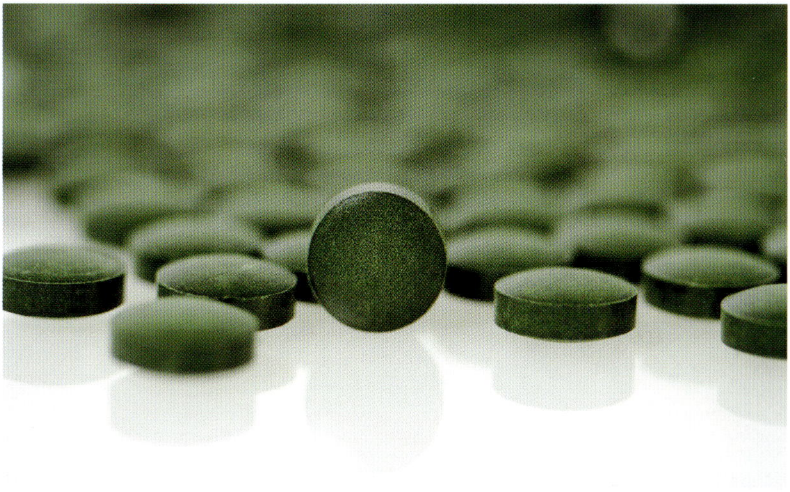

gut vertragen. Zudem ist ihr Gehalt an Vitamin B_{12} ebenfalls sehr hoch.

Darüber hinaus stimuliert sie, eine Eigenschaft der meisten Süßwasseralgen, die Regeneration der Darmschleimhaut. Das stärkt den Darm und trägt zur Rückbildung chronischer Verstopfungen bei. Darüber hinaus begünstigt sie die Vermehrung hilfreicher Darmbakterien, die wiederum ihre krank machenden Gegenspieler verdrängen. Und letztlich wird Kuranwendungen mit Süßwasser-Algen ein günstiger Einfluss auf die Leberentgiftung und die Stärkung der körpereigenen Abwehrkräfte zugeschrieben.

Nahrungsergänzungen sind wichtige Supporter – aber eine gesunde Ernährung können sie keinesfalls ersetzen

Last but not least glänzt die Chlorella wegen ihrer besonderen Eigenart als „biologische Müllabfuhr“: Ihre Zellulose-Zellwände besitzen eine sehr robuste Zusammensetzung. Durch diesen „positiven Ballast“ ist sie in der Lage, Umweltgifte wie z. B. Schwermetalle zu binden und somit aus dem Körper hinauszubefördern.

Trotz all dieser Pluspunkte sei nochmals klar herausgestellt: Mikroalgen (wie auch andere Nahrungsergänzungen) sollte man keinesfalls als Wunderpille missverstehen. Wer das glaubt, glaubt wahrscheinlich auch, dass Zitronenfalter Zitronen falten. Sie sind, der Name sagt es schon, eine ergänzende Komponente zur täglichen Ernährung. Wer seinen Körper regelmäßig mit Fleisch, Fett, pappigen Weißmehlprodukten, Dosennahrung, Fastfood und Süßigkeiten traktiert, der kann auch von Mikroalgen kaum großartige Erfolge erwarten. Unser Körper will rundum gut behandelt werden. Eine grüne Pille allein - selbst die allerbeste, natürlichste und allergesündeste - kann da wenig ändern!

Noch ein wichtiger Nachsatz: Achten Sie unbedingt auf die Herkunft! Das gilt im Übrigen für alle Nahrungsergänzungsmittel! Feilgeboten werden sie mittlerweile vielerorts - auch in „beratungsfreien" Drogerien und Supermärkten, per Postwurfsendung und reichlich im Internet: Doch ob die bunten Verpackungen und markigen Werbeworte auch halten, was sie versprechen?

Auf jeden Fall solle man auf die Herkunft, die Verarbeitung und die Seriosität der Lieferfirma achten. Nur so geht man verunreinigten Produkten aus dem Weg und kann die Vorzüge risikofrei genießen.

Weizengras - frische Power aus dünnen Halmen

Steigen wir eine Etage höher in der Evolution des Pflanzenreichs, nehmen wir die Gräser unter die Lupe. Ähnlich ihren schwebenden Vorfahren, den Algen, sind auch bestimmte Gräser wertvolle Chlorophyllträger. Die unscheinbar wirkenden Halme haben es wahrlich in sich. Etwas episch angehaucht formuliert: Eine Power, welche es Baumwurzeln und Grassoden ermög-

licht, sich durch Mauern und Zement zu drücken, steht nun unserem Körper in Form von Gräsern zur Verfügung. Wir erinnern uns: Sogar der König der Tiere sorgt instinktiv dafür, dass er grüne Power in den Magen bekommt – und jagt in erster Linie Beutetiere, die sich pflanzlich ernähren, viele davon mit Gras. Aber auch der Mensch muss irgendwann Lunte gerochen haben, jedenfalls setzte man im Orient schon sehr früh auf die medizinische Anwendung von Gräsern. Auch keltische Druiden benutzten es, ebenso wie indianische Schamanen, chinesische Heilkundige oder die „Kräuterheilige" Hildegard von Bingen.

Die Gesundheitsexperten vergangener Epochen hatten Recht. Zwar geriet der Saft der grünen Gräser mit dem Einzug der modernen Medizin für lange Zeit in Vergessenheit, aber vor etwa 40 Jahren wurde die gesunde Kraft von der Ärztin Ann Wigmore wieder entdeckt – im Weizengrassaft. Wie wir heute wissen, ist in Weizengrassaft rohes Chlorophyll. Und das ist unter anderem besonders gut für den Darm, wie der Chlorophyllforscher Dr. Lawrence Smith feststellte. Zwar weniger als aktiver Bakterienkiller, aber Chlorophyll schafft für diese Darmbewohner eine ungünstige Umgebung, der Mediziner nennt es Darmmilieu. Anders ausgedrückt: Dort wo Chlorophyll ist, haben Fäulnisbakterien ein schlechtes Standing. Führen wir uns also reichlich grüne Pflanzenkost zu, fehlen ebendiesen Bakterien, gewöhnlich überreichlich im Magen-Darm-Trakt von Fleischessern zuhause, ihre schmackhaften Eiweißstoffe. Hört sich an wie ein „Sauerstoffschock" für unerwünschte Darmbewohner, oder? Eine interessante gedankliche Analogie hierzu stammt von Nobelpreisträger Dr. Otto Warburg. Er zeigte auf, dass Krebszellen in einer sauerstoffarmen Umgebung gut gedeihen. Warburg sah Krebs nicht als Virus, sondern als einen Prozess der Zellteilung, ausgelöst durch Sauerstoffmangel in den Zellen.

Weizengrassaft besteht zu etwa 70 Prozent aus Chlorophyll. Doktor Bircher-Benner, der Schweizer Pionier der Vollwertkost, nannte ihn „konzentrierter Sonnenschein". Die besondere Struktur des Chlorophyllmoleküls im Weizengrassaft steigert die Bildung von Hämoglobin im Blut. Außerdem ist Weizengras reich an essenziellen Aminosäuren, Mineralstoffen und Spurenelementen. Zudem sind im frisch gepressten Saft Vitamine und vor allem Enzyme (die „Zündfunken des Lebens") in biologisch ausgesprochen gut verwertbaren Verbindungen enthalten.

Faszinierend und unnachahmlich – das Chlorophyll der Blätter ist gespeichertes Sonnenlicht

Lassen wir Dr. Ann Wigmore, die „Mutter der Weizengrassaft-Therapie", das Schlusswort: „Weizengrassaft enthält flüssigen Sauerstoff. Sauerstoff ist für viele Vorgänge im Körper notwendig. Es regt die Verdauung an (die Verbrennung von Nährstoffen), fördert klares Denken (das Gehirn braucht 25 Prozent der körpereigenen Sauerstoffmenge) und sorgt für eine angemessene Sauerstoffanreicherung des Blutes (ein Schutz gegen anaerobische Bakterien). Außerdem fördert der Weizengrassaft die Blutzirkulation, so dass schließlich jede einzelne Körperzelle ausreichend versorgt wird."

Gerstengras – in Babylon geschätzt und in Japan erforscht

Vom Weizengras zur Gerstenpflanze. Deren Korn gehört zu den ältesten und wichtigsten Nahrungsmitteln der Menschen. Aber wie viel Gutes steckt in den grünen Blättern des Gerstengrases? Offensichtlich kannte man schon in vorchristlicher Zeit die Vitalkraft von Gräsern. So ist von dem babylonischen König Nebukadnezar überliefert, er habe sich sieben Jahre lang von nichts anderem ernährt als von Gräsern. Davon versprach er sich Gesundheit und geistige Klarheit.

Inzwischen hat eine Reihe von Untersuchungen viel mehr zutage gebracht, als man seinerzeit in Babylon wissen konnte: Im Gerstengrassaft (keinesfalls zu verwechseln mit dem „Gerstensaft" im Bierglas) stecken reichlich Chlorophyll, sowie Vitamine und Proteine in besonderer Fülle und in körperfreundlicher Kombination. Für den japanischen Pharmakologen Dr. Yoshihide Hagiwara, der das Gerstengras besonders intensiv erforschte, ist es „vielleicht das nährstoffreichste Nahrungsmittel der Welt". Ein stolzer Anspruch, doch Gerstengrassaft liefert etwa doppelt so viel Kalzium wie Milch, verfügt gegenüber dem weißen „Kulturgetränk des Westens" über etwa 30 Mal mehr von allen B-Vitaminen und zusätzlich das für Vegetarier besonders wichtige Vitamin B_{12}.

Hinzu kommen reichlich Provitamin A (Beta-Karotin), sieben Mal so viel Vitamin C wie die entsprechende Gewichtsmenge Orangen, fünfmal so viel Eisen wie in Spinat und große Mengen der wichtigen Mineralstoffe Magnesium, Kalium, Kupfer und Zink. Last but not least sind in den grünen Gerstenblättern mehr als 20 Enzyme nachgewiesen worden – notwendig als Bio-

Katalysatoren für alle Stoffwechselprozesse.

Zudem kann Gerstengrassaft (wie auch Weizengrassaft) gegen Bluthochdruck eingesetzt werden, der oft durch eine Verengung der Blutgefäße ausgelöst wird. Saft aus dem Gerstengras hat sich auch gegen Mundgeruch bewährt, aber auch bei Schweißausdünstungen von Körper und Achseln. Dies ist der desodorierenden Wirkung des Chlorophylls zu verdanken.

Wenn man so will, hat also der Japaner Dr. Hagiwara wissenschaftlich bestätigt, was König Nebukadnezar wohl nur ahnte: Im Verlauf seiner Forschungen fand er heraus, dass täglich getrunkener Gerstengrassaft nicht nur gesund und fit erhält.

Darüber hinaus stimuliert er die Selbstheilungskräfte des Körpers, so dass er mit Krankheiten wie etwa Diabetes, Bluthochdruck, Hautproblemen oder Allergien aus eigener Kraft fertig werden kann.

Übrigens sind in China sowohl Gerstengräser als auch Weizengräser wichtiger Bestandteil der Fasten- und Reinigungskuren im Frühjahr. Hierzulande haben sowohl das eine als auch das andere der beiden Gräser ihre Befürworter. Und wer sich gar nicht entscheiden kann – mittlerweile werden Nahrungsergänzungen mit einer Kombination beider Chlorophyll-Lieferanten angeboten.

Alfalfa – der „Vater aller Nährstoffe“

Neben verschiedenen Algen und Gräsern haben eine Vielzahl von Keimen und Sprossen ebenfalls einen hohen Gehalt an Chlorophyll. So spielt gekeimtes Getreide im ostasiatischen Raum eine zentrale Rolle, aber auch bei den Hunzas im nördlichen Indien. Besonders im kalten Himalaja-Winter schätzen die für ihre robuste Gesundheit und Langlebigkeit bekannten Menschen heimische Keime und Sprossen als (über)lebenswichtige Nährstoffe.

Die Araber nutzen schon seit Jahrhunderten Alfalfa (Luzerne), eine Kleeart, insbesondere wegen seiner vitalisierenden Wirkung. Sie rühmten die vielseitige Pflanze, hierzulande mancherorts schnöde „Schneckenklee“ genannt, sogar mit dem klangvollen Namen Alfalfa - „Vater aller Nährstoffe“. Wohl mit gutem Recht, denn bekanntlich unterstützt eine ausgewogene und nährstoffreiche Ernährung auch das Gleichgewicht von Säuren und Basen im Blut und führt zu einem reinen und gesunden Körper, dem „Zivilisationskrankheiten“ kaum etwas anhaben können.

Alfalfa ist eine äußerst widerstandsfähige und winterfeste Pflanze. Ihr dicht verzweigtes Wurzelwerk reicht bis zu 30 Meter tief in den Boden hinein und kann sich in einem Umkreis von mehreren Metern

ausdehnen. Daraus erklärt sich, warum die Wurzeln so erstaunlich viel Spurenelemente und Mineralstoffe aufnehmen und in der gesamten Pflanze verteilen. Der robuste Outdoor-Spezialist enthält neben einer Vielzahl an Vitaminen und leicht absorbierbaren Mineralstoffen, essenziellen Aminosäuren und Spurenelementen auch reichlich Chlorophyll.

Zwar werden Sprossen in der Regel auf der heimischen Fensterbank oder in darauf spezialisierten landwirtschaftlichen Betrieben gezüchtet, doch es gibt sie auch sozusagen „to go", nämlich als Nahrungsergänzung.

Ginkgo – gesundes Grün für Gehirn und Gedächtnis

Zum Millenniumswechsel wurde er als Baum des Jahrtausends gekürt und manche bewundern ihn als „unkaputtbar". Kein Wunder, war es doch ein Ginkgobaum, der den Atombombenabwurf von Hiroshima überlebte und noch heute, einen Kilometer vom Zentrum der Katastrophe entfernt, dort steht und grünt. Die traditionelle chinesische Medizin nutzt Ginkgosamen bei Asthma, Tuberkulose sowie Nierenerkrankungen, seit Jahrhunderten schätzt man aber vor allem die wertvollen Inhaltsstoffe seiner Blätter. Im Mittelalter wurden sie zur Behandlung verschiedener Krankheiten, und im chinesischen Buch heilender Kräuter hat der Ginkgo seit dem Jahr 1595 einen Stammplatz.

Wie wir inzwischen wissen, ist das vor allem dem Sauerstoff-Giganten Chlorophyll zu verdanken. Und weil es wohl kaum einen besseren Nährstoff für unser Blut als das Blattgrün gibt, gelten Ginkgoblätter als ideal für unser Gehirn. Sie verbessern die Durchblutung der unzähligen feinen Kapillaren, wichtig vor allem für Menschen, die Gedächtnis und Konzentrationsvermögen auf Trab bringen wollen. Aber auch, wenn es um Tinnitus, Sehvermögen oder Alzheimer geht, sollen die Blätter vom „Baum gegen das Vergessen" Gutes bewirken. Spezielle, hochkonzentrierte Extrakte werden zur Behandlung von Hirnleistungs- und Hirndurchblutungsstörungen in der Geriatrie eingesetzt.

Ginkgo biloba, wie er korrekt heißt, verfügt zudem über stark antioxidative Eigenschaften, hält also die Freien Radikale in Schach, die in unseren Blutbahnen ihr Unwesen treiben. Wegen des komplexen Aufbaus seiner Inhaltsstoffe, manche davon sind nur im Ginkgo zu finden, ist eine vollständige synthetische Herstellung seiner geradezu geheimnisvollen Kraft übrigens bis heute niemandem gelungen. Das Labor von Mutter Natur funktioniert eben nach höheren Kriterien. Albert Einstein führt einen ähnlichen Aspekt an: „Falls Gott die Welt geschaffen hat, war seine Hauptsorge sicher nicht, sie so zu machen, dass wir sie verstehen können." Nun, in unserem Fall genügt es schon, dass uns Nobelpreisträger Richard Willstätter erklären konnte, warum das Gras grün ist und zudem noch so urgesund ...

Chlorophyll-Drinks – frisches Blattgrün aus der Flasche

Welche Farbe der berühmte Geist in der Flasche hatte, der mitunter in orientalischen Märchen auftritt, kann uns recht egal sein. Unser guter Geist ist durch und durch grün und wir nennen ihn Chlorophyll. Je nach Hersteller und Rezeptur bekommt er einen hauseigenen Namen und je nach Zielgruppe oder beabsichtigtem Wirkungsschwerpunkt gibt man ihm ähnlich gesunde Gefährten an die Seite. Im Team wirkt's sich eben besser. Deshalb sind manche Astronauten von Haus aus Physiker, andere Biologen, wieder andere kennen sich gut aus mit technischen Dingen. Kompetent sind sie alle.

Entsprechend diesem Grundsatz findet man bei Nahrungsergänzungen auf Chloropyllbasis zum Beispiel Weizengras im Teamplay zusammen mit Saft aus Gerstengras, ein andermal geht Weizengrassaft Hand in Hand mit Alfalfa, oder Gerstengrassaft kooperiert mit Alfalfa-Power. Mitunter kommen weitere bewährte Helferchen hinzu, dies zum Wirkungsfeinschliff. Etwa Bienenhonig, Pfefferminzöl oder auch mal Cayennepfeffer.

Fassen wir die wichtigsten Highlights der eben vorgestellten Chlorophyll-Träger, beziehungsweise deren Auswirkungen auf den menschlichen Körper zusammen:

Chlorophyll

- Chlorophyll unterstützt die Körperentgiftung
- wirkt Blut bildend

Ein Strukturverwandter des Chlorophylls geizt nicht mit Vorzügen – das Chlorophyllin

Die Natur ist das einzige Buch, das auf allen Blättern großen Gehalt bietet“
Johann Wolfgang von Goethe

- reinigt das Blut
- hilft bei der Sauerstoffverteilung
- reguliert den Blutdruck
- fördert den Zellaufbau
- schafft ein ausgewogenes Säure-Basen-Verhältnis
- regelt und fördert die Verdauung
- fördert die geistige Fitness
- schärft die Konzentration
- stärkt die Leber

Schlechter Atem, oje! Lassen wir die Ursachen einmal beiseite – der „dufte" Mensch traut sich nur notgedrungen unter die Leute. Abhilfe vermag Chlorophyllin zu schaffen, im Mund zerkaut oder flüssig gespült, verhilft es dazu, üble Gerüche im Keim zu ersticken. Gerade wenn man zur rauchenden, Alkohol konsumierenden oder menstruierenden Fraktion gehört, sollte man stets einen ausreichenden Vorrat zur Hand haben.

Der Grund für den Frische-Flash: Das Magnesium des Chlorophylls ist im Chlorophyllin durch Kupfer ersetzt. Das kann Lebensmitteln eine schöne grüne Farbgebung verleihen und färbt als Nahrungsmittelfarbstoff unser Wasabi, den „Wassermeerrettich" aus Japan, so wunderbar grün. In geringen Mengen scheint Chlorophyllin im menschlichen Darm aus Chlorophyll gebildet werden zu können, wobei die Wirkungen dort denen des Chlorophylls entsprechen!

Jedes Wasser ist anders:

Gesunde Neuigkeiten über das nasse Element

Über eine wichtige Sache wurde schon geschrieben. Ich greife sie dennoch wieder auf, weil dahinter der Dreh- und Angelpunkt steckt, sozusagen die Verknüpfung des Ganzen. Sie ahnen schon, worum es geht? Genau – es geht noch einmal ums Trinken. Genauer gesagt, um das Wassertrinken. Das auf den ersten Blick so unscheinbare Nass spielt in unserem Stoffwechsel zweifelsohne eine elementare Rolle. Denn alle Nährstoffe und alle Stoffwechselendprodukte brauchen Wasser, um in den Stoffwechsel sowohl hineinzugelangen als auch wieder herauszukommen. Auch die Leistungen von Gehirn und Nervensystem hängen unmittelbar vom jeweiligen „Wasserstand" ab: Schon geringe Verluste mindern unsere Konzentrations- und Aufmerksamkeitsfähigkeit erheblich. Mehr noch, fehlt dem Stoffwechsel Wasser, wird das Blut dickflüssiger und verliert schließlich seine Liquidität. Das ist Besorgnis erregend, denn so wird einmal mehr die Versorgung der feinsten Gefäße mit lebenswichtigen Stoffen quasi gestoppt.

Die Regel „mindestens 2 Liter trinken" ist den meisten bekannt. Jetzt geht es noch um das „Was". Manche Menschen verstehen unter Trinken vorwiegend Kaffee, Cola, Limo, Bier, Wein, Maracuja-Nektar, Multi-Vitaminsaft und dergleichen – „Hauptsache flüssig". Ich denke anders: Was würde geschehen, gäbe man Kühen künftig Kaffee und Limonade zu trinken. Was dann wohl aus der Milch würde? Ich habe einen Bauern gefragt, bei dem wir Verschiedenes einkaufen. Er wollte mich fast vom Hof jagen mit meinem Vorschlag, seine Kühe an Cola zu gewöhnen. Ob ich sie denn vergiften wolle? Und ob ich überhaupt eine Ahnung habe, was dann aus der Milch würde. Die käme dann wahrscheinlich als saure Brühe aus dem Euter – weil doch Cola extrem sauer sei, wegen der Konservierung.

Recht hat er! Außerdem trinkt auch kein Schwein Cola.

Klingt banal, ist aber plausibel – je wasserstoffreicher das Wasser, desto besser eignet es sich zum Trinken

Ebenso habe ich noch niemanden getroffen, der seine Blumen mit Limonade oder Bier gießt. Wie die Kühe meines Bauern bevorzugen auch Pflanzen Wasser. Auch wir Menschen brauchen Wasser! Alles andere ist einfach nicht „artgerecht“.

Hierbei gibt es einige Besonderheiten zu beachten. Über freie Radikale haben wir schon eine ganze Menge gelesen. Gutes Essen hinterlässt weniger Freie Radikale und bringt schon jede Menge nützlicher Antioxidantien mit. Und die erwähnten Nahrungsergänzungen sind beste Radikalenfänger. Nun aber das Erstaunliche: Die Hitliste für Antioxidantien führt ein neues Wasser an. Dr. Warnke von der Universität des Saarlandes nennt es Elektronenwasser. Ich verwende eher die Bezeichnung: „Bionisches Wasser“ (Bionik ist die Lehre der Verknüpfung von Biologie und Technik).

Was es mit diesem Wasser auf sich hat? Dahinter steckt

eine aufregende Erkenntnis. Der japanische Wasserwissenschaftler Dr. Hidemitsu Hayashi bringt es in zwei Sätzen auf den Kernpunkt: „Wir unterscheiden heute zwei Sorten Wasser, solche, die reich an Wasserstoff sind und solche, die es eben nicht sind. Gut, wer wasserstoffreiches Wasser zum Trinken nutzt."

Wieso eigentlich wasserstoffreiches Wasser? In Wasser – H_2O – steckt doch ohnehin neben Sauerstoff (O) jede Menge Wasserstoff (H). Stimmt. Aber den meint unser Japaner nicht. Er hat etwas anderes im Blick – Wasserstoff, der munter als gelöstes Gas im Wasser umher flitzt. Um was geht es dabei genau? Einer Reihe von Heil-Quellen werden nahezu „mystische" Eigenschaften nachgesagt. Von Lourdes in Frankreich bis Tracote in Mexiko oder der Schieferstollenquelle in Nordenau (Sauerland). Vermutlich haben früher viele Menschen an „Übernatürliches" geglaubt, weil die zahlreichen Heilungen zum Teil schwerster Erkrankungen anders kaum erklärbar waren.

Forschung statt Mystik – wie ein Professor aus Japan alte Heilquellen entzaubert

Hayashi hat ein wenig zur Entzauberung beigetragen. Ihm und anderen Forschern des Wasserinstitutes von Japan war es wenig geheuer, dass dort magische Kräfte im Spiel gewesen sein sollen. Und so tat er, was ein Forscher eben so tut. Er hat untersucht, gemessen und analysiert und fand im Wasser der Heilquellen die „freien" Wasserstoffteilchen. Als Naturwissenschaftler war ihm klar, welch ungeheure Bedeutung dem Wasserstoff im

Stoffwechsel zukommt. Neben Elektronen, den kleinsten bekannten, elektrisch geladenen Teilchen in unserem Universum, ist Wasserstoff der alles entscheidende Grundstoff sämtlicher Lebensprozesse.

Wird man also von Wasserstoff gesund? Die Medizin würde aufatmen und die Pharmaindustrie bekäme einen mächtigen Schreck. Das wäre allerdings nun doch zu einfach. Hayashi erklärt: „Stellen wir uns eine Zelle vor, eine Cell-Unit, kurz Cu. Das ist zufällig auch das chemische Zeichen von Kupfer. Jetzt kommt Sauerstoff ins Spiel. Was passiert?

$$2\ Cu + O_2 = 2\ CuO$$

Der Sauerstoff tut, was ihm besonders liegt: Er oxidiert das Kupfer. Macht es zu unbrauchbarem Kupferoxid.

Das passiert auch - vereinfacht gesagt - mit unseren Körperzellen, wenn Freie Radikale ihr Unwesen treiben. Freie Radikale sind gewissermaßen enge Verwandte des Sauerstoffs. Ihre Heimtücke besteht darin, dass sie, was ihnen in die Quere kommt, außerordentlich schnell und äußerst aggressiv oxidieren. Und nun?
Jetzt kommt unser Freund, der Wasserstoff, zu Hilfe. Also, wieder auf zur Chemie:

$$CuO + 2\ H = Cu + 2\ H_2O$$

Das Cu oder unsere Zelle ist wieder in Ordnung und der Sauerstoff ist zu harmlosem, ja sogar nützlichem Wasser geworden. Wasserstoff hat das CuO reduziert, vom Sauerstoff befreit!

Ja, Sie haben recht: Die Darstellung ist stark vereinfacht. In Wirklichkeit ist es viel komplizierter. Und ohne freie negativ geladene Teilchen, den Elektronen (weshalb Dr. Warnke auch „Elektronenwasser“ sagt), würde das Reduzieren schwerlich funktionieren.

Jetzt kommt ein weiterer Aspekt ins Spiel. Kaum jemand

hat eine Quelle wie des Schieferstollens von Nordenau vor der Haustür. Wie also zu diesem sensationellen Wasser kommen? Der unermüdliche Forscherdrang wissbegieriger Wissenschaftler hat uns eine wunderbare Lösung beschert. Mit Hilfe galvanischen Stroms und einer pfiffigen Technik ist es möglich, daheim aus dem Wasserhahn zu zaubern, was die Natur uns vormacht.

Und so funktioniert's: Leitungswasser wird zunächst sorgfältig gefiltert. Dann durchläuft es eine Wasserzelle. Dort wird das Wasser mittels hochwertiger Platin-Elektroden und einer Membran, die elektrisch geladene Teilchen auseinander hält, in zwei Teile getrennt. Der eine Teil ist basisch und hat außergewöhnliche antioxidative Eigenschaften. Der andere Teil ist sauer und verfügt über oxidative Fähigkeiten.

Das basische Wasser hat als Trinkwasser für unseren Organismus optimale Eigenschaften. Welche Bedeutung ein ausgewogenes Verhältnis von Säuren und Basen für unseren Organismus hat, wissen Sie ja bereits. Und das mit den Antioxidantien, den „Rostschützern" haben Sie auch schon gelesen. Gibt's noch was? Allerdings. Im März 2011 hat das KSBI, das Korean Science Basic Institut in Seoul, Korea, die Strukturen von Bionischem Wasser gemessen. Kleine Verständnishilfe: Wasserteilchen, die Moleküle, kleben gerne zu Molekülhaufen zusammen. Im Leitungswasser sind das etwa zwischen 12 und 20 Moleküle, die ein so genanntes Cluster bilden. In Mineral- und Leitungswasser ist das ähnlich.

Quell- und Gletscherwasser stellen sich deutlich besser, hier befinden sich nur etwa halb so viele Moleküle im Cluster. Bedeutet: Je weniger Moleküle im Cluster, umso mehr Oberfläche steht zum Lösen von Nährstoffen bereit – und natürlich auch zum Lösen von Stoffwechsel-Endprodukten. Positive Folge: Ausscheidung, Entgiftung und Entschlackung laufen jetzt fast wie von selbst ab. Außerdem kann Wasser mit kleineren inneren Strukturen (weil dramatisch fließfreudiger), den Organismus besser hydratisieren, will sagen „bewässern".

Das KSBI hat nun gemessen, dass Bionisches Wasser nur halb so viele Moleküle im Cluster hat wie das aus der Leitung. Daraus ergibt sich eine Vision: Mit einem einfachen System zu Hause aus Leitungswasser basisches, antioxidatives und dazu noch kleinclustriges Wasser zu produzieren, das könnte zum i-Tüpfelchen für unsere Gesundheit werden.

Die Zitronenfalter-Frage:

Wasser + Chlorophyll + L-Arginin mit Vitaminen = automatisch gesund?

Sie haben bisher fleißig gelesen. Und hoffentlich Interessantes erfahren. Fragen Sie sich jetzt, wo der Haken an der Kombination der oft erwähnten Aminosäure L-Arginin mit Wasser, Chlorophyll und Vitaminen ist? Antwort: Es gibt keinen. Fast. Die vorliegenden Erkenntnisse sind wissenschaftlich gesichert, immerhin waren einige Aspekte dem Nobelpreiskomitee eine Auszeichnung wert.

Das „Fast" hat jedoch seinen Grund. Chlorophyll, L-Arginin, Vitamine und Co. spielen eine zentrale Rolle, wenn es um die langfristige Gesundheit geht. Allerdings unter einer Voraussetzung - ohne gescheite Ernährung, eine positive Lebenseinstellung und ein vernünftiges Bewegungskonzept ist ein hundertprozentiges Ergebnis kaum möglich.

Sport ist Mord. Eine alte Volksweisheit. Ist dem wirklich so? Oder reimt es sich einfach zu verlockend? Die Realität sieht anders aus: Trägt man nach einem Beinbruch einen Gips, der nach sechs Wochen wieder abgenommen wird, sind die Gelenke steif. Sie benötigen einige Zeit, um wieder voll funktionsfähig zu werden. Auch die Muskelmasse des betreffenden Beines hat abgenommen, das ist häufig sogar mit bloßem Auge zu erkennen. Training ist angesagt.

Wer rastet, der rostet. Reimt sich auch schön - und stimmt sogar. Wohl dem, der ausreichend Bewegung hat. Man muss sich ja nicht ständig mit

dem Sport-Wort konfrontieren. Auch moderate moderne Bewegungsarten wie etwa Nordic Walking bringen den Kreislauf auf Trab. Ohne Blick auf die Stoppuhr. Manchmal ist weniger sogar mehr. Zehn Minuten soll man täglich schwitzen, empfehlen Herzfachleute. Theoretisch ist das auch mit Sex möglich. Da man sich hier aber auch maßlos verausgaben kann und eine schwache, weil untrainierte, Pumpe dann schon mal nach Luft schnappt, sollte man sich lieber vorsorglich einer Herzsportgruppe anschließen.

Oder wie wäre es mit Schwimmen? Auch was Langsames. Entlastet Gelenke und Rücken. Trampolinspringen fördert die Pumpfunktion im Gelenkknorpel für dessen bessere Ernährung. Radfahren durchspült die Lymphbahnen genauso wie Tennis oder Joggen. Ich habe auch nichts dagegen, wenn man sich beim Sport ein wenig zum Affen macht, etwa so:

- Sich eine Kletterstange oder einen Baum angeln und seinen Körper hängend baumeln lassen
  (dehnt die Muskeln)
- Im Vierfüßlergang durch den Garten sausen
  (stärkt ungeübte Muskeln)
- Sich auf den Brustkorb schlagen
  (fördert die Restfunktion der Thymusdrüse für eine gute Immunfunktion)
- Laut Brüllen
  (sorgt für eine schöne Lungenbelüftung)
- Mit anderen herumtollen
  (analog tut es hier die Kissenschlacht mit den Kindern)
- Arme in die Höhe recken und Blätter pflücken
- Kurz inne halten und seinen Sportpartner lausen, sprich: Massieren
  (fördert die Sozialbindung)
- Vierfußluftsprünge machen
  (ähnlich wie Sackhüpfen beim Kindergeburtstag)
- Auf dem Boden kullern
  (zwischendurch alle Viere zum Himmel recken)

Etwas gesitteter geht es in Sportvereinen und Fitnesscenter zu. Besonders einige asiatische Sportarten, auch als Wellness-Variante angeboten (etwa Tai Chi) erfreuen sich zunehmender Beliebtheit.

Turnvater Jahn wusste, worauf es ankommt – „Bewegung ist die beste Medizin“

Boykottiert der innere Schweinehund jegliche Regelmäßigkeit, besorge man sich aus dem Tierheim einen geeigneten Vierbeiner und hetze diesen auf eben jenen faulen Artgenossen. Selbst das tägliche Gassigehen ist bereits eine geeignete Bewegungsform für uns Indoor-Wesen.

Lernen wir von den modernen „Bewegungsberufen“: Interessanterweise besitzen viele Profi-Sportler ein erstaunlich gutes Wissen über ihre Ernährung. Auch Schauspieler und Musiker haben uns hier einiges voraus. Sie wissen: Der Mensch ist was er isst. Deshalb haben sie beispielsweise Kenntnisse über wichtige Aminosäuren zum Muskelaufbau, verzichten auf Schweinefleisch und üppiges Essen am Abend, essen als Zwischenmahlzeit Obst, essen maßvoll, meiden saure und basische Lebensmittel und vieles andere mehr.

Den Berufssportlern ist die enorme Bedeutung der einwandfreien Sauerstoffversorgung jedes einzelnen Muskels bewusst. Er weiß über die ungeheure Notwendigkeit, Schlacken nach starker Beanspruchung aus dem Muskel zu befördern. Namentlich die gute alte Milchsäure, die zuhauf in strapazierten Muskel-Arealen anfällt und unter anderem für den Muskelkater verantwortlich ist. Das lässt sich mit einigen Gegenmaßnahmen ändern: Entsäuerung mittels Chlorophyll, bessere Sauerstoffbeladung durch Neusynthese von Hämoglobin, Reinigung der Leber. Nur einige von vielen anderen Secrets, die bisher einem kleinen Kreis von Elite-Sportlern vorbehalten waren.

Dieses „Geheimwissen der Erfolgreichen" haben sie von teuren Coaches, Personaltrainern und Persönlichkeitsberatern. Diese wiederum aus Büchern, wie dem vorliegenden.

Möge es dazu beitragen, Ihnen einen gesunden Rutsch in die Zukunft zu ermöglichen.

Dies wünscht Ihnen
herzlichst

Ihr Frank Jester

Anhang

Literaturangaben

1. Batmanghelidj, F.: Wasser, die gesunde Lösung: Ein Umlernbuch

2. Berner, Hans-Günter: An vollen Töpfen verhungern. medi Verlagsgesellschaft 1997

3. Das visuelle Lexikon Erdgeschichte & Evolution. Gerstenberg Verlag 2006

4. Diamond, Marilyn und Harvey: Fit fürs Leben. Goldmann 1990

5. Gitelman, D., Hoffmann, M.: Die Elektrochemie des Wassers.... CO'MED, 07/06

6. Grimm, Hans-Ulrich: Katzen würden Mäuse kaufen. Zsolnay-Verlag 2007

7. Hammann Peter E., Hans C. Krebs, W. Ternes: Naturstoffchemie. Eine Einführung. Springer, 2008

8. Hidemitsu Hayashi: What is ionized water? A study. Water Institute of Japan

9. Jester, Frank: Arginin. Der natürliche Kraftstoff für Blut, Kreislauf und Gesundheit. Verlag Marina Jester 2010

10. Nesterenko, Sigi: Nordenau und der Schieferstollen

11. Kropp, T.: Das stärkste Antioxidanz unserer Zeit? CO'MED, 07/06

12. Lancet 2011, 378:804

13. Schrot & Korn, 3/99; 1/08

14. Müller-Wohlfahrt, Dr. Hans-Wilhelm: Mensch, beweg Dich! DTV 2004

15. Natur und Heilen, 10/2000, 5/2003, 4/2009, 9/2011

16. Simonsohn, Barbara: Die Heilkraft der Afa-Alge – Vitalität für Körper und Geist. Goldmann Verlag 2000

17. Nesterenko, S.: Trink Dich jung! Zephyr Verlag: www.zephyr-online.de

18. Neumayer, Petra: Algen – Gesundheit aus dem Meer. Mosaik bei Goldmann 1998

19. Schätzing, Frank: Nachrichten aus einem unbekannten Universum. Kiepenheuer & Wisch 2006

20. Simonsohn, Barbara: Die Heilkraft der Afa-Alge – Vitalität für Körper und Geist. Goldmann Verlag 2000

21. Nesterenko, Sigi: Gesundheitsgeheimnis Wasser. Zephyr Verlag

22. Seefeldt, Wolfgang: Das Elefantensyndrom. Warum wir täglich Nahrungsergänzungen brauchen. Printec24, 2. Auflage 2006

23. Rahn-Huber, Ulla: Natürlich gesund mit Mikroalgen. Südwest Verlag 1998

24. Spitz, Professor Dr. med. Jörg: Krebszellen mögen keine Sonne. Vitamin D - der Schutzschild gegen Krebs, Diabetes und Herzerkrankungen: Ärztlicher Rat für Betroffene. Mit Vitamin-D-Barometer und Lebensstil-Risiko-Fragebogen. Mankau Verlag 2010

25. Ulmer, G. A.: Gesundheitswunder Chlorophyll. Ulmer Verlag (o. Jahresangabe)

26. Vonwald, Gabriela: Gesundheit aus Dosen. Lebensbaum Verlag 2004

27. Wesselhöft, Rosana und Thomas: Grün macht glücklich

28. Stockfleth, Phillip: Durchhalten, Norderstedt, 2010

Aus dem Internet

www.aerztezeitung.de
www.esuq.de/arabische_medizin.html
www.gewuerzlexikon.de
www1.ratiopharm.com
www.reformhaus-fachlexikon.de
www.scinexx.de
www.wissenschaft.de
www.wikipedia.de

Haftungsausschluss

Dieses Buch ist nur für den eigenen Bedarf gedacht. Vervielfältigung und Digitalisierung in jeglicher Form sind nur mit schriftlicher Genehmigung des Urhebers gestattet.

Der Stand der Forschung kann die Inhalte dieses Buches durchaus in ihrem Sachverhalt verändern. Das ist so gewollt. Das Buch soll Anreize geben, sich mit der Thematik intensiver zu befassen und zu motivieren, Beweise oder Gegenbeweise für meine Theorien zu finden.

Bitte beachten Sie: Ich treffe in diesem Buch keine Heilaussagen!

Gesund machen kann Sie weder dieses Buch noch ich. Gesund werden Sie nur durch Ihre eigenen Kräfte. Wie Sie diese Kräfte mobilisieren, mögen Sie zwischen den Zeilen herauslesen.

Seien Sie kritisch gegenüber Neuem. Scheuen Sie sich nicht, Fachleute und Fachliteratur um Rat zu fragen.

Vor einer nicht von einem Therapeuten begleiteten Umsetzung der Ratschläge in diesem Buch wird eindringlich gewarnt.

Frank Jester

Impressum

1. Auflage, Oktober 2011
Redaktionsschluss: 30.09.2011

Autor
Frank Jester
www.frankjester.de

Koautor
Wolfgang W. Seefeldt (SeeWo)
Hamburg

Herausgeber
Marina Jester
Wohldorfer Damm 12
22395 Hamburg

Layout & Design
PRINTEC Business-Marketing
Oliver Witting
www.printec24.de

ISBN 978-3-943453-00-3

Printed in EU

Bildquellen

Titelfoto © Marius Röer, Hamburg
Titelfoto © Phoenixpix - Fotolia.com
Seite 4 © Carlo Zamboni, Hamburg
Seite 9 © Phillip Stockfleth
Seite 12 © Frank Jester, Hamburg
Seite 15 © D. Oesterreich - Fotolia.com
Seite 17 © Eric Gevaert - Fotolia.com
Seite 19 © cameraman - Fotolia.com
Seite 21 © mashe - Fotolia.com
Seite 23 © Sven Hoppe - Fotolia.com
Seite 25 © Dreamy Girl - Fotolia.com
Seite 26 © IrisArt - Fotolia.com
Seite 30 © Alan Ward - Fotolia.com
Seite 33 © Grum_l - Fotolia.com
Seite 34 © Bastos - Fotolia.com
Seite 36 © D. Sunagatov - Fotolia.com
Seite 38 © INFINITY - Fotolia.com
Seite 40 © by-studio - Fotolia.com
Seite 43 © Irochka - Fotolia.com
Seite 45 © WONG SZE FEI - Fotolia.com
Seite 48 © Photo Passion - Fotolia.com
Seite 52 © ag visuell - Fotolia.com
Seite 55 © babimu - Fotolia.com
Seite 56 © alphaspirit - Fotolia.com
Seite 60 © Iakov Kalinin - Fotolia.com
Seite 65 © Peter Atkins - Fotolia.com
Seite 68 © IKO - Fotolia.com
Seite 74 © Jeffrey Banke - Fotolia.com
Seite 77 © abcmedia - Fotolia.com
Seite 79 © abcmedia - Fotolia.com
Seite 81 © Heike Rau - Fotolia.com
Seite 82 © O'SHI - Fotolia.com
Seite 84 © Marianne Mayer - Fotolia.com
Seite 87 © hjschneider - Fotolia.com
Seite 88 © makuba - Fotolia.com
Seite 90 © Rob Stark - Fotolia.com
Seite 92 © Iakov Kalinin - Fotolia.com
Seite 97 © Taffi - Fotolia.com
Seite 100 © A. Calzolaro - Fotolia.com
Seite 102 © Boris Ryzhkov - Fotolia.com
Seite 104 © A. Rochau - Fotolia.com

Aktuelle Gesundheitsvorträge mit Frank Jester:
www.gesundheitsvortrag.com
www.gesundheitsvortrag.at

Buch-/DVD-Bestellung:
www.chlorophyllbuch.de
www.chlorophyllbuch.at

Weitere Bücher von Frank Jester:
Arginin -
Der natürliche Kraftstoff
für Blut, Kreislauf und
Gesundheit
ISBN 978-3-00-031619-7

www.argininbuch.de

Weiterführende Informationen:
www.bionischeswasser.de

„Unkraut nennt man die Pflanzen,
deren Vorzüge noch nicht erkannt worden sind.“

Ralph Waldo Emerson